工程英语翻译理论与实践研究

任淑平　何晓月　著

东北大学出版社
·沈　阳·

图书在版编目（CIP）数据

工程英语翻译理论与实践研究 / 任淑平，何晓月著. — 沈阳：东北大学出版社，2022.6
ISBN 978-7-5517-3015-0

Ⅰ. ①工… Ⅱ. ①任… ②何… Ⅲ. ①工程技术—英语—翻译—研究 Ⅳ. ①TB

中国版本图书馆 CIP 数据核字（2022）第 110253 号

出 版 者：东北大学出版社
地址：沈阳市和平区文化路三号巷 11 号
邮编：110819
电话：024-83683655（总编室） 83687331（营销部）
传真：024-83687332（总编室） 83680180（营销部）
网址：http://www.neupress.com
E-mail: neuph@neupress.com
印 刷 者：沈阳市第二市政建设工程公司印刷厂
发 行 者：东北大学出版社
幅面尺寸：170 mm×240 mm
印 张：10.5
字 数：162 千字
出版时间：2022 年 6 月第 1 版
印刷时间：2022 年 6 月第 1 次印刷
策划编辑：杨世剑
责任编辑：周 朦
责任校对：王 旭
封面设计：董淑金

ISBN 978-7-5517-3015-0 定 价：50.00 元

前言
PREFACE

工程英语是科技英语的重要组成部分。随着我国工程领域国际学术交流和国际工程项目承包的日益频繁，工程英语翻译已经成为我国翻译界的一个热门话题，并且越来越受到翻译界的重视。工程英语翻译工作，要求翻译人员不仅要具备扎实的英语和汉语基本功，掌握工程英语翻译的理论和技巧，熟悉英语和汉语语言文化的差异，而且要掌握工程专业知识，拥有较高的语言表达能力。

本书内容包括翻译相关理论，工程英语翻译概述，工程英语翻译原则与策略，工程英语翻译技巧，工程专业学术论文英文标题、摘要、关键词的特点及翻译，工程英语翻译教学与人才培养。本书中有大量举例，内容丰富全面，注重理论与实践相结合，可作为相关专业学生和工作人员的参考书。本书为重庆交通大学教学科研成果。

本书的撰写分工为：任淑平负责全书的体例设计及统稿工作，并撰写第四、五、六章；何晓月撰写第一、二、三章。在撰写本书过程中，著者参阅了大量的专著及论文，在此对相关文献的作者表示感谢。

由于著者水平有限，书中难免存在不妥之处，敬请各位专家、读者批评指正。

著 者

2021年9月

目　录

CONTENTS

第一章

翻译相关理论

第一节　翻译原理

所谓翻译原理，简单地说，就是翻译流程或过程。例如，机器的工作原理就是它的工作过程。笔者从30多年翻译工作的实践中发现：翻译也有工作原理，译者就好比一台机器，顺应“分析—转换—生成”这一基本过程。在此需要指出的是，任何翻译都是先从句子着手，只有句子能为翻译提供语境、意境和情境。英语是一种多义语系，若离开了语境和情境，词义就难以确定。也就是说，翻译时要根据上下文来分析词义。因此，句子分析是翻译原理的核心，也是建立翻译理论的基础。

就如今关于翻译理论的著述而言，其大多对翻译原理的论述过于理论化，实际应用中普遍缺乏可操作性；著述中罗列过多的语言学术语，对指导翻译实践活动没有太多帮助。有观点认为，语言学术语运用得多，理论水平就高，但事实恰好相反，这类理论著述因对实际翻译活动缺乏指导作用，而未体现出太多价值。

笔者很欣赏范仲英教授的做法，就是用通俗易懂的语言或图解来阐述理论，而不用诸如“语言功能、话语层、语群、语义信息、句法结构、载体”之类的术语来进行阐述。

在此要明确的是，翻译原理不等同于翻译理论，它只是对翻译过程的描述，并非揭示了语言活动的自身规律。因此，想要做好翻译工作，仅了解翻译原理还不够，还要以翻译理论指导翻译过程的展开。

一、分析

所谓分析，就是译者用积累的知识来解析原语的表层现象和深层含义，这一过程也被称为原语转换前分析。由于译者所掌握的知识不同，所以原语分析的结果也不同。在通常情况下，翻译始于原语的句子，因此句子是分析的关键对象。而任何一句话，都有话题。基于这一点，在分析句子前要先弄清话题，这样，就可以把握好句子分析的方向。

原语转换前分析有四个方面：话题分析、语义分析、句法分析和表达分析。下面就这四个方面做进一步阐述。

【例 1-1】Historically, primary separation and rejection of iron from these concentrates has taken place in a smelter.

译文：在历史上，从这些精矿中分离和剔除铁主要是在冶炼厂中进行的。

分析例 1-1 可知，所述的话题是“iron（铁）”。从字面语义上可知，人们要把这些精矿中的铁进行粗选并除去，地点是在冶炼厂，时间是过去。按照句法结构分析，这是一种简单句，语法结构并不复杂，关键是“from these concentrates”这一介词短语，要弄清楚这个短语的作用，必须借助专业知识来分析。在这句话里，它是用于修饰“iron”的，而“in a smelter”只是地点状语。

基于前面的分析，大致弄清了这句话的意思，下一步，要进行表达分析。汉译英时，要按照英语的表达习惯或语法规则进行翻译；英译汉时，则要按照汉语的表达习惯来进行翻译。就这句话的表达而言，词性和词序要稍加变动，即“separation and rejection”要变为动词来翻译。通过这四个方面的分析，就可以弄清词与词之间的关系和语义。

【例 1-2】There are significant values in the base metals that can be produced from the same concentrates, and the choice of process route must address their recovery.

译文：同一精矿生产的基础金属成分具有重要价值，在工艺路线的选择上，必须解决其回收问题。

首先，例1–2讲了两个话题：一是“有重要价值的基础金属成分”；二是“工艺路线”。其字面语义有两层含意：一是从这类精矿中可选出存在价值的基础金属成分；二是工艺路线的选择必须解决这些金属成分的回收问题。从句法结构上看，有一个定语从句修饰“values”，其余都是平铺直叙。其次，要进行表达分析，以便准确完整地再现原语的意思。根据汉语的表达习惯，这句话中有个别词不一定要译出。除此之外，须对词性和词序做一点变动，并添词补充。

【例1–3】为了满足充填体中产生的极限强度和压力，要求对膏体充填混合料的设计进行优化。

要求把例1–3翻译成英语。首先，分析一下这句话的话题。从这句话可以看出，话题是“膏体充填混合料的设计”。其次，从字面语义上看，句子中有许多专业术语，在这种情况下，就要从英语的角度去选择对应的专业术语。再次，分析这句话的语法结构。显然，该句含有一个目的状语。通过对上述三个方面进行分析，就可以考虑使用常用的英语表达形式。按照通常的译法，例1–3中句子可用以下两种句法结构进行表达，即

① In order to meet the limiting strength and the pressure which can be developed in the fill, paste backfill mix designs need to be optimized.

② Paste backfill mix designs need to be optimized to meet the limiting strength and the pressure which can be developed in the fill.

综上所述，对原语进行深入分析是翻译的第一步，这种分析亦可称为通读理解，是从话题分析、语义分析、句法分析和表达分析四个方面来理解原语。如前所述，做这种分析，必须具备一定的专业知识；否则，就会出现分析上的偏差，进而导致翻译错误。

二、转换

所谓转换，是指译者的思维开始从原语向译文转换，为译文的生成

搭建框架。例如，译者一看到“limiting strength”这一词组，马上就要联想到它是“极限强度”的意思。这就是译者对两种不同语言在思维上进行的转换，在翻译原理上被称为思维转换。思维转换的好坏，完全取决于译者的知识积淀和悟性。

“转换”包括语言、词性、语态、句法结构等方面的转换。具体地说，语言转换是指将原语变为译语；词性转换是顺应译文表达习惯的需要，改变原语词性或词组性质；语态转换是把原文的语气、时态、风格尽可能地在译文中再现出来；句法结构转换要顺应译文表达习惯并加以改变。因此，美国语言学家奈达提出的对等翻译理论，只是部分适用于这样的转换，这就是语言转换上存在的差异。

【例 1-4】Maintaining large aggregate size is important to achieve high settling rates and maximum density.

译文：保持大的骨料粒径对于实现高沉降率和最大密度非常重要。

根据汉语的表达习惯，要把原语的句法结构和词性进行转换，即把动词不定式短语“to achieve high settling rates and maximum density”转换为目的状语，把动名词“maintaining”转换为动词，用动宾短语作汉语的主语。

【例 1-5】在有助熔剂的条件下，铁矿石在高炉中还原而成的产品称为生铁。

译文：The product which the iron ore is reduced in the presence of a flux in the blast furnace is called pig iron.

从转换的角度考虑，例 1-5 主要是语态转换。从字面上看，“还原”和“称为”似乎是主动语态，但按照英语的表达习惯，应是被动语态，因为铁矿石不可能自己会还原，而产品不可能自称为生铁。

例 1-4 和例 1-5 表明，无论是英译汉还是汉译英，转换都要根据具体情况而定，能对等表达的尽量对等表达，不能对等表达的就要进行转换。而为什么要转换？这是因为两种语言的表达习惯不同。在翻译界，常有人把“翻译”定义为语言表达转换，这种说法不太全面，因为有些情况是不需要转换就可直接表达的。例如，“He is an engineer.（他是一位工程师。）”，翻译只是在语言上进行了转换，其他方面依旧保持不变，这可以称得上是“奈达对等翻译”。

三、生成

“生成”原本是机器翻译的术语。如前所述，译者就像一台机器，大脑对原语进行思维分析，最后转换生成译语。这只是译者大脑对原语转换所形成的一种语言表象，但是这种表象的生成是翻译的一个重要环节。如果译者的大脑中没有这样的语言表象，甚至感觉似懂非懂，那么翻译就不会准确。

翻译是一项系统工程，涉及的因素既多又复杂。有人说：“翻译是一项艰苦的脑力劳动。”这话说得一点也不假，没有亲身经历的人，是体会不到其中的艰辛的。译语的表象生成，是经译者大脑综合分析后所产生的一种“中间语言”。所谓“中间语言”，是指从原语转换到译语的过程中产生的语言，也可称为过渡语言。这种语言是经译者大脑思维而形成的，零零星星、支离破碎，旁人听不懂也看不懂。“中间语言”对译语的生成起着重要作用，没有这种零星的语言，就不会有完整的译文。

在翻译原理中，“译语生成”是很抽象的，只有译者本身才能知道“译语生成”的过程。例如，目前机器翻译的推广应用进展缓慢，其原因就在于“译语生成”这个环节设计所考虑的因素太少，以致产生翻译效果不佳的现象。照理讲，翻译软件的设计工作，应该由既懂得软件设计又通晓翻译的人来承担，可惜目前这样的人才屈指可数。所以，“译语生成”理论的研究不但对翻译工作十分重要，也对机器翻译具有现实的指导意义。这里举一个例子来解释“译语生成”现象。

【例 1-6】The consistent performance of this horizontal filter press will provide the required cake moisture needed for dry stacking of tailings.

译文：这种卧式压滤机使物料变稠的性能为尾砂干式堆存提供了所需的滤饼湿度。

如果译者没有“压滤机”这一概念的储备，就不懂得它的性能和作用。换句话说，如果没有“压滤机”这一概念的储备，译者脑海里就不可能将“consistent performance of this horizontal filter press”转换生成“这种卧式压滤机使物料变稠的性能”这样的语义表象。由此可以看出，语义表象的生成不仅涉及语言知识，也涉及专业背景知识。如果没有从专业背景知识上考虑，只是考虑“consistent performance of this horizontal filter press”的语义，那么译者脑海里就可能产生“水平过滤压制的一致性能”这样的语义表象。因此，语义生成涉及系统知识，并非简单的语义生成。

就翻译而言，“译语生成”是译者运用综合知识分析原语而在脑海里自然生成语义表象后的一个语言表述过程，但目前还没有一种翻译理论能解释这种“译语生成”现象，笔者暂时把这种现象定义为“翻译禀赋”。

第二节　翻译原则

目前，我国翻译界一些人士把“翻译原则”和“翻译标准”混为一谈，问题就在于没有搞清楚什么是翻译原则。2000年，曾利沙先生曾在《外语与外语教学》中撰文提出，译学界普遍将翻译原则和翻译标准相混淆，如将“准确、通顺”视为原则或标准，将两者等同起来。现如今出版的翻译论著，也大都把“原则”和“标准”等同起来。

要想弄清楚什么是“翻译原则”，首先要弄清楚什么是“原则”。《现代汉语词典》（第7版）中对“原则”一词的释义为“说话或行事所依据的法则或标准”。从这一定义上来讲，翻译原则是对整个翻译过程进行导向，而不是作为评判翻译结果的标准。

基于上面的表述，“原则”与“标准”是完全不同的概念，不能等同视之。否则，会对翻译理论的研究造成极大妨碍。

翻译原则包含四项内容：前后一致、直译优先、约定俗成和灵活有度。这四项翻译原则是译者在整个翻译过程中必须坚守的译事法则，为整个翻译过程确立了基本原则，其对生产合格的翻译"产品"具有重要意义。翻译作为"产品"，必须按照翻译界通行的适用翻译标准进行评价，这就是翻译标准与翻译原则之间的差别。

一、前后一致

所谓前后一致，是指译文前后逻辑要一致，切不可"驴唇不对马嘴"。就工程英语翻译而言，要求术语或词语翻译必须前后一致，以免引起误解，这也是翻译的基本原则。例如，"paste backfill"翻译成汉语是"膏体充填料"，在整篇译文里要求一律采用同一译法，绝不可又将其译为"牙膏充填料"。这就是"前后一致"的体现。

目前，一些译者不了解这一翻译原则，使得同一个词语出现多种译法，造成前后矛盾，弄得读者一头雾水，进而影响到整个翻译的效果。

【例 1-7】The sedimentary rocks associated with coal beds belong to one or more of the four classes of compacted strata given in Table 2. When certain sediments were deposited to form limestone or **sandstone**, we could hardly expect them to consist of pure lime deposits or pure sand; there would be some mixing of **sediments**. As a result, we find limestone containing small amounts of sand, and sandstone containing small amounts of lime carbonate, etc. A rock belonging to any one of four main classes which, in addition, contains sand is classed as a sandy stone; when small amounts of lime are present, the name limey is applied; with small amounts of silt and clay, the name shaly is applied.

译文：与煤层伴生的沉积岩属于表2所列的四种致密地层中的一种或几种。当某些沉积物沉积成石灰岩或砂岩时，我们很难想到它们是由纯的石灰或砂的沉积物所组成的，其中一定会有某些沉积物的混合物。因此，我们会发现石灰岩里含有少量砂，而砂岩里含少量碳酸钙等。此外，凡属于上述四种主要分类中的任何一种岩石，含砂的则划为砂质岩一类，存在少量石灰的称为钙质岩，而含有少量粉砂和黏土的则称为泥质岩。

例1–7中字体为加黑的词都是在这段短文中重复出现的，翻译时，应注意前后一致，不可有多种译法，这点要切记。

【例1–8】首先使用的**锚杆**是楔缝式**锚杆**。由于明显的强度原因，木**锚杆**很快被金属**锚杆**所取代。由于楔缝式**锚杆**具有对钻孔深度和**锚杆**冲击力要求极严的缺点，很快便促使涨壳式**锚杆**发展起来。这种**锚杆**在所有采用**锚杆**支护的国家中被广泛应用，主要是由于它便于机械化安装。

译文：The first bolt used appears to have been a wooden one anchored by a split rod and wedge. This was superseded quickly by a steel bolt for obvious strength reasons. The disadvantage of requiring an exact hole length and bolt impaction soon led to the development of the expansion shell bolt. It is used extensively in all roof bolting countries, mainly because it is adapted easily to mechanized setting.

汉译英也一样，同一术语或词语的翻译必须一致，如例1–8中字体为黑体的词"锚杆"，一律要用"bolt"这个词来翻译。如果另翻译成"rod"，就令人费解了。

总之，除个别情况（因为英语有一词多义现象）之外，应保持同一词语同一译法，以免通篇译文出现前后矛盾的现象。需要指出的是，不论选词还是原语理解，译者的思维一定要跟着原语的话题走，这样就很少会出现逻辑思维上的错误。

二、直译优先

直译，用朱光潜教授的话说，就是依照原文的字面翻译，逐字逐句地翻译，字句的顺序也不能更改。但是，在实际翻译中，用直译的方法往往解决不了问题，必须结合意译。如此看来，直译与意译如同一对孪生姊妹，究竟应该怎样处理它们之间的关系呢？1979年，董乐山先生在《翻译通讯》第2期中撰文指出，"能够尽量做到概念与字面都对等当然最好，在两者不能兼顾的情况下，为了忠实表达原意，就需要取概念而舍字面，这也就是说，要传达内容而不拘泥于形式”。

就工程英语翻译而言，首先讲求“信”，而直译是实现“信”的最佳翻译方法。因此，在翻译过程中通常优先考虑直译，这是译者应遵循的翻译原则。

【例1-9】Paste backfill is a high density mixture.

译文：膏体充填料是一种高密度混合料。

这句话用直译就可在内容和形式上达到“信”的效果，而不必采用意译，这就是“直译优先”原则。但是，并不是所有的原语都能采用直译，如下面这种情况只能采用意译。

【例1-10】The cost of operating a pump over time is where most companies feel the impact.

译文：大部分公司觉得有影响的是泵累积运转的费用。

例1-10中的句子就不能一字一句地翻译，应采用意译，以求内容的忠实而不求形式的一致。在此需要指出的是，运用意译时，要求译者对原文的理解有十足的把握；否则，宁可传达内容也不拘泥于形式。

工程英语的专业性较强，如果译者对原语涉及的专业不熟悉，在不能直接采用直译的情况下，最好和相关专业人员沟通，用意译的方法把原语的内容完整地翻译出来。这是不得已的办法。

保持原语在翻译过程中不“走调”，就是笔者强调坚持“直译优先”原则的理由。

三、约定俗成

所谓约定俗成，是指在翻译过程中碰到某些已经有固定译法的词语，译者不可再用其他译法，应直接采用其固定译法进行翻译，以免读者发生误解。例如“New York”这类词，已有“纽约”这种固定译法，就不能译成“新约克”。这就是约定俗成原则。

在工程英语中，很多词语都有固定译法，这就需要译者日常不断积累。值得指出的是，同一词语可能有多种固定译法，这就要求译者甄别后选取最合适的译法。如果不坚持约定俗成原则，就有可能出现翻译错误的问题。例如，笔者审校一份工程施工报告时就发现译者没有坚持约定俗成原则，把“Portland cement（波特兰水泥）”译成“港口陆地水泥”，这就犯了一个不应犯的错误。

就日常英语而言，固定译法的词语不胜枚举。比如“中华人民共和国”，它的译文是固定的，即the People's Republic of China，决不可有第二种译法。由此可见，约定俗成原则非常重要。

按照约定俗成原则翻译的词语类型主要有人名、地名、企事业单位名称、专业术语、行话等。若译者在翻译过程中碰到这类词语，一是多查词典，二是上网查询，三是多请教他人；切记不可擅自翻译。

四、灵活有度

有些译者在翻译过程中总喜欢即兴发挥，有意将词义引申或添加译者的理解。这种做法称不上是灵活翻译，而是一种“强加于人”的译法，有悖于对原文的忠实性。

所谓灵活有度，意思是说，在求“信”的基础上，尽量灵活翻译，不要“死译”或“硬译”。这就要求译者对准确理解原语有十足的把握，否则会弄巧成拙。

求“信”是灵活翻译所要掌握的“度”。如果翻译灵活、行文如水，而内容却离题万里，这种翻译也不是“灵活有度”。就工程英语翻译而言，有些工科专业的译者容易犯这样的错误，他们凭借自己的技术特长，在翻译过程中随意发挥，一般不对照原文，不容易看出翻译的不妥之处；而有些外语专业的译者却“胆子”较小，常犯“死译”或“硬译”的错误。

【例1-11】The slump test is related to the yield stress due to the fact that concrete slumps or moves only if the yield stress is exceeded and stops when the stress is below the yield stress.

译文：塌落试验与屈服应力有关，因为只有当屈服应力过高时，混凝土才会塌落或移动，但在混凝土应力低于屈服应力时，混凝土会静止不动。

例1-11是工程英语翻译培训班出的一道课外作业题，有的学员翻译得灵活有度，并不拘泥于原文的形式，而是讲求内容的忠实性，灵活地把“due to the fact that”翻译成“因为”。

如果按照原语的句子结构或词序翻译，就会使译文生硬、洋化。一般刚涉足翻译领域的人，不太容易做到灵活有度，因为灵活的分寸很难掌握。解决这一问题的有效途径就是多进行翻译实践。要想在翻译过程中把握好灵活性的分寸，首先靠的是译者对原语的悟性或灵感。倘若译者不具备这样的条件，还是直译为好。

在工程英语翻译中，要坚持灵活有度这一翻译原则，否则，会给工程建设带来影响或造成损失。工程英语翻译讲求科学严谨，所以给译者灵活发挥的机会不多，这就要求译者把握好翻译的灵活性，不要轻易阐译、释译或意译。

上述四项翻译原则，是笔者多年来从事翻译工作的切身体会，可能不同于翻译教程或翻译论著中所述的翻译原则。当然，翻译原则并不局限于上述四项内容，可能还有其他方面，希望业内有识之士予以补充。

第三节 翻译标准

在现代，我国翻译家提出的翻译标准有很多，如严复的“信、达、雅”，林语堂的“忠实、通顺、美”，傅雷的“神似”，钱锺书的“化境”，许渊冲的“三美”，鲁迅的“宁信而不顺”，刘重德的“信、达、切”，钱临照的“求实为信、流畅为达、可读为雅”，许钧的“创造性叛逆论”，施锡铨的“博弈论”，范仲英的“大致相同感受论”，等等。近几十年来，对严复的“信、达、雅”之争总算有了结果：严复的“信、达”得到我国翻译界各学派的认同，唯独对“雅”争议较大。这是我国翻译界在翻译标准研究方面所取得的一大进步。

笔者认为，对严复的“雅”之说，应视具体文体而定，不应全盘否定。如果是文学文体，那么钱锺书的“化境”就比严复的“雅”还佳；如果是科技文体，那么钱临照的“可读为雅”更能让人接受；如果是诗歌文体，那么林语堂的“美”比严复的“雅”上乘；如果是新闻报刊文体，那么刘重德的“切”更能体现原文的新闻文体特点。由此可见，翻译作品的衡量标准，应依据文体博采众家之长，灵活应用。笔者认为，翻译标准的多元化，对适应不同语言特点或不同文体有利，不必强求一致，应根据文体，确立翻译标准。

就工程英语翻译而言，笔者认为，钱临照先生提出的“求实为信、流畅为达、可读为雅”可作为其翻译标准。

一、求实为信

求实为信，其实就是严复“信”的翻版。任何翻译作品都应忠实于原文，这是衡量翻译作品可信度的标准。这一翻译标准对任何文体的翻译都适用。凡是不忠实于原文的翻译作品，翻译界称之为“废品”或“次品”。有的学者认为翻译是再创造，这是一种认识误区。如果不按照“信”的标准来评判译作，还不如把原著改为编著或创作。因为翻译就是用另一种语言如实地还原原语的本来面目。

翻译讲求忠实性、准确性、可信性，这对工程英语翻译尤为重要，只有实事求是，才能达到“信”的目的。

所谓“求实”，就是实事求是。如果原文说的是“东”，译者就不能将之译成“西”，这是最起码的翻译常识。换句话说，“求实”等同于“信”，这也是钱临照论点的实质。

在工程英语翻译中，要做到“求实”，难度的确很大。当今科学技术发展很快，译者如果不注重给自己“充电”，就很难适应科技发展形势，甚至有可能落伍。

【例 1-12】For oxide ores, Cu recoveries are typically in the range 75% ~ 80% within 50 ~ 100 days.

译文：对于氧化矿石来说，其在50～100天内的铜回收率通常在75%～80%。

从字面和句法结构来看，翻译例1-12的句子并没有什么难度，但要“求实”地翻译这句话并不容易。基于笔者提出的“话题翻译理论”，这句话的话题是“Cu recoveries”。那么“Cu recoveries”这一词组的实际意思是什么呢？不了解湿法冶金知识的人，翻译不出它的切实意思，有可能译成“铜回收”“铜恢复”“铜复原”等。“Cu recoveries”的实际意思是“铜回收率”。例1-12表明，“求实”是翻译达标的最重要一步。当然，要做到“求实”二字，与译者本身的知识水平密切相关。当然有些译者并不是不想“求实”，而是受各方面因素的限制，不得已而为之。

综上所述，翻译作品或口头翻译都应以“求实为信”为标准，否则，译者付出的艰辛劳动可能是徒劳无功的。

二、流畅为达

所谓流畅，就是行文如水，表达十分通顺，这样就达到了“达”的标准。钱临照的“流畅为达”的翻译标准，对任何文体的翻译都适用。

在翻译界，就“达”这一翻译标准，学者也持不同意见，如有鲁迅的“宁信而不顺”之说和赵景深的“宁错而勿顺，毋拗而仅信”之说。严复的“达”是通顺、流畅之意，钱临照的“流畅为达”是对严复的“达”做更明确的表述。

在讲求“信”的基础上，做到“达”不是容易之事。如何做到“信”与“达”的统一？这取决于译者的翻译功底。倘若在翻译中容易做到“信”与“达”，那么鲁迅先生也就没有必要说“宁信而不顺”了。这说明翻译工作的艰辛，并非查字典就能解决问题那么简单。“信”与“达”的统一是翻译工作中面临的最大挑战，直接考验译者的翻译能力。

以“流畅为达”作为衡量译作是否合格的标准，已经成为翻译界的共识，也被广大译者所接受。无论是英译汉还是汉译英，流畅表达是译者必须考虑的问题之一。因为译文留给读者的第一印象，就是是否流畅。

如果行文生硬拗口、阅读不顺畅，即使译文再忠实于原作，也不能算是合格的译作。

就工程英语翻译而言，流畅表达也一样重要，见例1-13。

【例1-13】The success of heap leaching/SX/EW has also led to a revival in the development of hydrometallurgical processes to recover copper from chalcopyrite and other copper concentrates.

译文：堆浸-溶剂萃取-电积法试验的成功，使人们重新开始研究通过湿法冶金工艺来回收黄铜矿精矿和其他铜精矿的铜金属。

例1-13中句子用汉语流畅表达并非易事，关键在于“has also led to a revival”这一短语，它是整句话是否流畅的关键。如果直译的话，语句不会很通顺，因此应把“has also led to a revival”意译为“使人们重新开始”。例1-13说明，译文不流畅往往是某个词语或某个词组处理不当所致。

说话要流利，造句要通顺，写文章要行文流畅。翻译也不例外，也必须通顺、流畅，钱临照的“流畅为达”讲的就是这个意思。值得指出的是，任何时候都不能舍“信”而求“达”，应“信达共存”或“信达兼顾”。

有人说，鲁迅先生是一位伟大的作家，他都可以说“宁信而不顺”，难道非要“流畅为达”不可吗？我国翻译界有好多人都误解了鲁迅先生的话。其实，在“信”“达”之间，鲁迅先生强调“信”是第一位的，并不是说不要“达”。如果把鲁迅先生的话理解为翻译可不求“达”，那实在是借口，“宁信而不顺”的意思也并不是不要“达”。因此，引用名家的论述千万不可断章取义。

三、可读为雅

就语言表述而言，“可读”与“雅”在遣词和修辞上有所区别：“可读”是指少用藻丽的语言表述，而“雅”却讲求语言表述要“美”或“典雅”，在用词上比“可读”更讲究。诗歌不但可读，而且用词讲究、给人美的感受。除了科幻小说，一般科技语言都很朴实，这是其有别于其他文体语言的一大特点。钱临照先生针对科技文体提出“可读为雅”这一翻译标准，不但符合科技文体的实际情况，而且具有可操作性。

工程英语不像英语诗歌，其语言朴素、不言过其实，这是工程英语的表述风格，用通俗的语言表达即可。要求译文具有可读性，也就是说，译文应能被读者接受。用词无须高雅、华丽，但又不低俗无味，这就是笔者对“可读为雅”的诠释。

有些译者的文学功底好，翻译时不看译文是什么文体，随意发挥自身的语言优势。如果将工程英语的文体翻译得同诗歌一般，就有悖于工程英语翻译所遵循的“可读为雅”这一标准。

在实际翻译过程中，有些译者对“可读”的“度”把握得不好，喜欢使用华而不实的词进行翻译，见例1-14。

【例1-14】Anaconda, in work at their Darwin, California site showed that passive abandonment lowered the cyanide concentration in a pseudo first order rate manner such that the rate of elimination of free cyanide is proportional to the remaining free cyanide at any time.

译文：阿纳康达公司在加利福尼亚州的达尔文矿的现场实验表明：被动脱除法，可使氰化物浓度呈假一级反应速率降低，以致自由的氰化物的脱除速率在任何时候都与其余自由的氰化物成正比。

改译：阿纳康达公司在加利福尼亚州的达尔文矿的现场实验表明：被动脱除法，可使氰化物浓度呈假一级反应速率降低，以致游离氰化物的脱除速率在任何时候都与其余游离的氰化物成正比。

从例1-14可以看出，译者把“free cyanide”翻译成“自由的氰化物”，文学色彩很浓，有失原语本意。“free cyanide”是专业术语，应译为“游离氰化物”。

与此相反，有些译者对“可读为雅”的分寸却把握得很好，见例1-15。

【例1-15】However, host rocks for sulfide ore deposits typically contain fractures with a porosity of only about 5% and very low permeability-too low for commercial production rates in solution mining.

译文：然而，硫化矿床围岩通常有孔隙率仅为5%左右的裂隙，且其渗透率也很低，因此溶浸开采难以达到工业生产所要求的水平。

读完例1-15的译文，会给人一种通俗易懂的感觉，是可读性很强的译例。由此可见，工程英语翻译与其他文体翻译不大相同，只要求语言简朴易懂。

综上所述，笔者认为，不同文体应该有不同的翻译标准，而钱临照先生的“求实为信、流畅为达、可读为雅”的翻译标准是工程英语翻译乃至科技英语翻译最适用、最具可操作性的标准。钱临照先生的翻译标准值得推广应用，尤其是在工程英语翻译领域。

第四节　翻译规律

翻译究竟有没有规律可循？在研究“翻译规律”之前，要先弄清楚什么是“规律”。所谓规律，从自然科学的角度来讲，就是宇宙中万事万物活动相对固定不变的现象。就语言活动而言，也存在相对固定不变的现象，这一现象就是语言活动规律。因此，顺应语言活动规律展开的翻译活动，可谓翻译规律。如何在翻译中发现语言相对固定不变的现象呢？这就需要译者从大量的翻译实践中去发现、认识和总结。

目前，我国翻译界有关翻译规律的著述和论文众多，但大多缺乏新意，内容大同小异，有些甚至立论不当。究其原因，主要在于缺乏翻译实践。翻译是一门实践性很强的学科，如果没有大量翻译实践活动的积累，一般无法写出翻译理论方面的论文或著作。“实践出真知”这一普遍真理对认识任何事物活动规律都适用。翻译规律是从实践中来，又用于指导翻译实践，也可称为“翻译哲学”。

一、空间分布律

经过多年翻译活动的实践，笔者发现，句子是所有语言的基本运用单位，句子中的实词、词组、从句等均按照语法规则在句子空间上呈一定规律分布。这一语言活动现象相对固定不变，笔者将之称为空间分布律。实践证明，空间分布律对指导翻译活动具有重要意义，也是翻译规律认识上一次大的飞跃。

众所周知，万事万物在宇宙空间内是按照一定规律分布的。如果破坏这一规律，一切事物势必失去平衡。语言活动也一样，句子就好比一个微观的宇宙空间，所有的实词、词组、从句都按照语法规则在句子中有规律地分布。如果不顺应这一规律，那么原有句子或翻译出的句子就是病句。学习语言，语法是必修课，因为语法是语言运用的基本指导法则，也是人类语言活动的经验总结。明确地讲，语法基本上反映了语言活动的规律。因此，翻译只有顺应空间分布律，才能完美、准确地再现原语的本来面目。

语言活动的空间分布律对指导翻译活动大有帮助。这是笔者在多年翻译实践中的一大发现。

【例1-16】Any mineral deposit is a geologic body, which when hidden, can be successfully found and exploited only through the utilization of the full geologic principles.

译文：任何矿床都是一个地质体，当其隐藏起来时，只有充分利用地质原理，才能成功地被发现和开发。

例1-16中，“which”后的从句是“geologic body”的非限制性定语从句，根据语法规则，凡是定语从句，其在空间上必定在被修饰的词语或词组之后，实词也一样。例1-16中的“mineral”“geologic”“successfully”，分别用于修饰“deposit”“body”“found and exploited”。因为语法规则要求单独修饰语必须放在被修饰词之前，所以形成了修饰语在前而被修饰词在后的空间分布格局。

用空间分布律分析语言活动的现象，不仅有助于了解原语的语境，也为翻译活动提供了一个可遵循的基本规律。自从语言产生以来，它就逐步形成了自身的活动规律，即空间分布律。笔者认为，只有空间分布律才能解释语言活动的现象。因此，语言活动的空间分布律可作为翻译规律来指导翻译活动。

二、实词

所谓实词，是指名词、动词、形容词、数词、副词、量词和代词等，是句子的重要组成部分。实词有规律地在句子空间中分布，其所在空间位置不同，所起的作用也不同。因此，空间位置决定实词的作用或功能。在语言活动中，实词的空间位置基本上是一定的。如要改变词性，有时其空间位置也要相应改变，这在翻译活动中尤为常见。基于语言活动的空间分布律，可揭示实词在句子中的分布位置。

【例 1-17】The current status of copper hydrometallurgy will be reviewed and the most commercially attractive potential applications will he explored.

译文：评述铜湿法冶金现状，并探讨其最具吸引力、最具潜力的工业应用。

下面分析一下例 1-17 中句子的实词布局：名词（主语）“status”受形容词“current”和介词短语“of copper hydrometallurgy”的修饰，形容词“attractive”受副词组“most commercially”的修饰，而名词（主语）“applications”分别受形容词“attractive”和“potential”的修饰。从空间位置上看，凡是非词组或非句子的修饰语都在被修饰词之前。谓语动词“will be reviewed”和“will be explored”都在主语之后。这就是实词在这一例句中的空间分布规律。

翻译时，实词的空间位置就发生了变化，原因在于原语和译语之间存在语言表达上的差异。

【例 1-18】The gravity meters measure the density at a particular point that is influenced by the density of materials all around the measured point.

译文：受该测点周围物质密度影响的特定点，用比重计测量其密度。

例 1-18 句子中有两组相同的词，即“density”和“point”，但各自所处的空间位置却不同。前面的“density”作为动词宾语，充当谓语；

后面的“density”是介词宾语，用于修饰“is influenced”，充当方式状语。两个“point”所处的位置也不同：前面的“point”作为介词宾语，充当地点状语；后面的“point”作为介词“around”的宾语，用于修饰“materials”，充当地点状语。显然，实词所处的空间位置不同，所起的作用也不尽相同。

刚涉足翻译领域的人，因为不了解原语活动的空间分布律，往往总觉得不知如何翻译才好。在翻译界，有人认为：“不要管语法，翻得通就行。”这是一种不正确的观点。语法可以帮助译者了解原语活动的空间布局，并使译者把握好话语在不同空间上所表现的语境或情境。需要指出的是，语法不但是评判翻译“对”与“错”的依据，还是人类几千年来所形成的语言活动规则。因此，语法对于翻译活动是十分重要的。

综上所述，实词在句子中的空间位置相对确定，并按照空间分布律各司其职。在翻译活动中，可通过语言活动的空间分布律来认识实词在不同空间中所起的功能和作用。

三、词组

所谓词组，就是2个或2个以上具有单独充当句子成分功能的词，按照一定的语法规则排列在一起，构成具有一定语法关系的语言单位。英语中有动词短语、名词短语、介词短语等，都可称为词组，如 underground water，gravitational field，in geotechnical evaluation，for this purpose，mine tailings impoundment 等。词组所处的空间位置不同，所起的作用也不同，下面通过例1–19和例1–20来进行说明。

【例1–19】This arrangement demands lots of power and reduces the time of productive drilling.

译文：这种安排需要大量电力，并缩短了生产性钻井的时间。

【例1–20】The two basic methods for this arrangement are core recovery and cuttings recovery.

译文：这种安排的两种基本方法是岩芯回收和岩屑回收。

上面两个例句中的“this arrangement”是相同的词组，但各自所处的空间位置不同：例1-19中的“this arrangement”位于动词之前，充当主语；例1-20中的“this arrangement”位于介词之后，充当介词宾语来修饰“methods”。同样的词组在不同的空间位置起的不同作用和功能，这是由空间分布律来决定的。

如何理解介词短语或介词宾语在句子中的作用，这是翻译中的一大难点，也是最容易出错的地方。

【例1-21】The merits and demerits of the hydromrtallurgical treatment of chalcopyrite concentrates and its preliminary economics will be compared with those for the current best practices in copper smelting and refining.

译文：比较黄铜矿精矿湿法冶金处理的优缺点及经济性，并与当前铜冶炼和精炼的最佳实践进行比较。

例1-21中有5个介词短语，但它们的空间分布是不同的。前面2个介词短语中，“of the hydromrtallurgical treatment”位于“merits and demrits”这2个名词之后，从语法规则上看，必定起定语作用；而“of chalcopyrite concentrates”位于“of the hydrometallurgical treatment”之后，是否起定语的作用，需要进一步判断。从意境上看，因为“treatment”带有动作行为，所以“of chalcopyrite concentrates”应是“treatment”的形式宾语。“with those for the current best practices in copper smelting and refining”是由3个介词短语组成的片段，从整体上看，其是“will be compared”的宾语；但分开单独看，这3个介词短语的作用因各自空间位置的不同而不同：“with those”是“will be compared”的宾语，而“for the current best practices”是“those”的定语。那么，“in copper smelting and refining”又起什么作用呢？从意境上判断，它应是“practices”的定语。用空间分布律对句子成分进行分析，各介词短语的作用就显得更加清晰。

在英语中有一种称为“不定式短语”的词组，根据空间分布律，这种词组的作用也因空间分布的不同而不同。

【例1-22】A secondary sulphide heap leach requires air injection into the heap to promote bacterial oxidation and leaching rates are much slower and less predictable with leach times typically in the range of 250 to 600 days to achieve 70% ~ 80% Cu extraction.

译文：二次硫化物堆浸需要向堆中注入空气，以促进细菌氧化，并且浸出速率要慢得多且难以预测，浸出时间通常为250 ~ 600天，以实现70% ~ 80%的铜提取率。

例1-22中有2个不定式短语，但由于空间位置的不同，各自所起的作用也不同："to promote bacterial oxidation"表示目的状语，而"to achieve 70% ~ 80% Cu extraction"是作为"days"的形式谓语。

此外，在英语里还有现在分词短语和过去分词短语，这些短语亦可视为词组，其作用也取决于各自在句子中的空间位置，例如：

① Great care had to be taken to maintain the mechanical integrity of the mechanism while minimizing the steel structure within the mud bed.

此句中的"minimizing the steel structure"是现在分词短语，由while引导，在句中充当时间状语。

② It is hard to understand the variation caused by the magnetic properties of subsurface bodies.

此句中的"caused by the magnetic properties of subsurface bodies"是过去分词短语，充当定语，用于修饰"variation"。

在句子这一微观空间中，词组的分布顺应空间分布律，这有助于了解词组的性质和功能。

四、从句

所谓从句，是指在有主句的情况下出现的其他句子结构。英语中有5种从句，分别是主语从句、表语从句、宾语从句、定语从句、状语从句。这5种从句不但在空间分布上不同，而且在作用上也不同。就工程英语而言，主语从句不多见，但也会偶尔出现；其他4种从句较为常见。下面主要介绍从句在整个句子空间中的分布规律。

（一）主语从句

【例 1–23】What separates the support of mining openings from the support of similar civil engineering structures is the fact that mine openings may have to survive large deformations as a result of changing stress conditions induced by progressive mining.

译文：采矿开口支撑与类似土木工程结构支撑之间的区别在于，由于渐进采矿引起的应力条件变化，采矿开口可能必须承受较大变形。

从例 1–23 的句子中可以看出，“What separates the support of mining openings from the support of similar civil engineering structures”是一个完整的句子，它位于be动词“is”之前，充当句子的主语成分，可将其称为主语从句。主语从句在整个句子中的作用是作主语，由此可以看出，主语从句的空间位置一定在动词之前，以组成主谓结构。

（二）表语从句

【例 1–24】A significant chemical characteristic of dissolved PGMs is that the ions are strong oxidants, easily reduced to metal, and easily hydrolyzed.

译文：溶解的铂族金属的一个重要化学特征是，这些离子是强氧化剂，容易被还原为金属，并容易水解。

凡是连系动词后面由连词引导的句子，称为表语从句。从空间位置上看，“that the ions are strong oxidants”是在连系动词“is”之后，组成谓表结构。这种分布规律在工程英语中很常见，也是英语从句在空间分布上的一种形式。

（三）宾语从句

【例 1–25】This suggests that an expanding domino type failure process could occur and that the original factor of safety is not adequate.

译文：这表明扩展的多米诺骨牌型故障可能会发生，且原始安全系数偏低。

所谓宾语从句，就是主句动词后面由连词引导的句子，如“that an expanding domino type failure process could occur and that the original factor of safety is not adequate”在“suggests”之后，组成动宾结构。这种空间布局，是宾语从句在主句中的一种分布形式。

（四）定语从句

【例 1-26】The continuous line on this plot represents a normal distribution which has been fitted to the input data using the program BestFit.

译文：该图上的连续实线表示正态分布，并已使用最佳拟合坐标系程序对输入的数据进行拟合。

定语从句用于修饰前面的名词，如“which has been fitted to the input data using the program BestFit”这句话用来修饰“distribution”。在空间位置上，该从句在被修饰词之后，不可能在被修饰词之前，这是定语从句在空间分布上固有的规律。

（五）状语从句

【例 1-27】This is a common problem in geotechnical engineering, where it may be extremely difficult or even impossible to obtain reliable information on certain variables, and the only effective solution is to use educated guesswork.

译文：这是岩土工程中的一个常见问题，很难甚至不可能获得有关某些变量的可靠信息，唯一有效的解决方案是使用有根据的猜测。

所谓状语从句，是指状语不是单独副词，而是一个句子，在整个句子中起状语作用，如“where it may be extremely difficult or even impossible to obtain reliable information on certain variables”是作为前面主句的地点状语。需要注意的是，英语中状语的空间位置较灵活，但在空间分布上要尽量紧靠被修饰的部分，以免意境或情境出现混淆现象。

综上所述，无论是实词还是词组或是从句，都按照自身的作用或功能在句子这一微观空间中有规律地进行分布，该在什么位置就在什么位置。也就是说，语言活动在空间分布上有一个相对固定不变的规律，即空间分布律。

了解实词、词组和从句在整个句子中的空间分布规律，有利于指导翻译活动。多少年来，翻译界许多学者都在艰辛探索翻译规律，但至今尚未得出令人满意的答案。为什么会发生这种情况呢？主要原因在于研究方法或研究路线上出了问题。经过多年的翻译实践活动，笔者认为：无论研究翻译理论还是研究翻译规律，都应着力研究并揭示原语本身的语言活动规律，这才是正确的研究路线。目前，我国有些翻译理论学者喜欢从语言学、信息学、语义学、交际学、文化学等角度去研究翻译规律，提出了一些听起来很新鲜的“翻译规律”，可惜没能得到翻译界的认同，原因是不具备可操作性或可接受性。我国著名数学家陈景润先生曾说过，“如果哥德巴赫猜想的证明路径错了，那一切都是徒劳的”。翻译理论或翻译规律的研究也一样，应讲求正确的路线和方法。研究路线正确与否，取决于理论研究工作者对翻译活动的认知和实践经验。

第五节　翻译批评

翻译批评在翻译工作中有着举足轻重的作用，不仅能有效促进翻译事业的发展，还能够帮助译者提高翻译水平和翻译质量。翻译批评有两层含意：一是对有损于翻译工作的行为提出批评；二是将对翻译工作有利的事物加以推介。翻译批评有四大要素：翻译指导、翻译审校、用户评价和翻译改进。这四大要素应贯穿于整个翻译过程，以推动翻译水平的不断提高。

一、翻译指导

所谓翻译指导，就是师傅带徒弟。在传、帮、带过程中，相当于指导教师角色的师傅便可对徒弟（翻译见习生或翻译人员）的翻译工作提出批评，并指导他们进行翻译实践。目前，我国许多企事业单位的翻译人员几乎没有经历过这样的指导过程，以致其翻译质量或翻译水平难以提高。这种现状必须改变，否则，我国的翻译事业难以继续前进。

20世纪90年代以前，刚毕业的翻译见习生都要由经验丰富的译者来指导其翻译实践。经验丰富的译者一旦发现问题，就会及时提出批评或忠告，这样，翻译见习生的翻译水平就得到提高，也可使其避免在今后的翻译工作中犯同样的错误。

就工程英语翻译而言，翻译指导更具有必要性。工程英语翻译不但涉及语言问题，还涉及技术问题。如果没有翻译指导这一环节，不仅难以保证翻译质量，也难以提高译者本身的翻译水平。常见的情况是，译者对翻译中的错误，既无法察觉，又不知道错误原因，这就是强调翻译指导重要性的理由。

二、翻译审校

翻译审校是翻译批评的重要形式，也是保证翻译质量的主要途径之一。审校工作是文字翻译工作的组成部分，一般分为两步：一是初审，可由译者自校或译者之间互校；二是终审，也称为专家审校，这是对翻译质量把关的最后一步，一般由资深译员和技术专家共同承担。

审校完的文稿一般会退还给译者，这样，译者可以通过修改过的文稿学到很多知识，因为审校人员会对文稿提出翻译批评和修改意见，这些对译者提高自身的翻译水平大有帮助。如果翻译审校工作不到位，交付给用户的翻译成品或印刷出版的稿件错误很多，就会对译者本人或翻译出版单位的信誉产生不良影响。

相对而言，工程英语翻译的审校工作更加重要，因为它直接涉及工程设计、施工、管理等一系列问题，如有偏差，很快就会在实践过程中被察觉。倘若追究起翻译与审校的责任，那就不单是翻译批评问题，还要追究事故责任。显然，翻译审校是一项需要具有很强责任心的工作，绝不可轻视。

三、用户评价

用户评价也是一种翻译批评形式，对保证翻译质量起到促进作用，应该加以提倡。在经济市场化的今天，翻译行业已按照市场化运作，翻译公司就是一个例子。因此，用户与翻译是一种雇佣与被雇佣的关系，而“用户至上”显然已是翻译行业的服务宗旨。

为了向用户提供一流的翻译服务，应不时地倾听用户对翻译的批评，以便改进翻译工作，赢得更多客户。

需要指出的是，评价指标是依据各自权重来赋值的。实践证明，用户满意度评价指标具有可操作性，也是翻译批评体系的重要组成部分。

（一）准确性

准确性是用户最关注的首要因素，离开了准确性，就谈不上用户满意度。就工程英语翻译而言，准确性更是第一位的。如果翻译偏差较大，将会给工程建设带来极大影响。

（二）可读性

所谓可读性，就是在准确翻译的基础上，求得通顺可读，不会使人读起来困难。这样也就达到了翻译的效果。

如果翻译出来的东西没有可读性，那就失去了翻译的作用和意义，因此它与准确性具有同等重要的地位。

（三）规范性

所谓规范性，这里有两层意思：一是技术术语、行话、计量单位或符号使用规范；二是译文格式规范。译文规范，给人一种“美”的感受，也能赢得用户信赖。

俗话说“文如其人”，意指一个人究竟如何，可以通过其文字或文章看出一二。翻译也是一样的，如果译者本身就是一个严谨、认真的人，那么其译文也会规范严谨。一般来说，用户会对规范的译文给予较高的评价。这也是把“规范性”作为用户满意度评价指标的原因所在。

当前，有些译者还没有认识到翻译规范性的重要意义，交给用户的译文很不规范，这势必给用户留下不好的印象。在翻译市场化的今天，搞好“规范性”对翻译业务有重要意义。

（四）便用性

在计算机办公尚未普及以前，用户只要求手写译本。现在跟过去大不相同了，用户要求的译本是电子文档形式。因此，要按照用户要求，为用户提供便用性服务。

（五）准时性

准时性是用户对翻译提出的一项“交货”要求。能否准时完成翻译任务，也是翻译批评的一项内容。

如果不能准时完成用户交给的翻译工作，将影响用户业务的进展。因此，在用户满意度评价中，用户也较为看重准时性。

准时性也能考察译者的翻译熟能程度。俗话说得好，“养兵千日，用兵一时”。翻译人员只有刻苦练功，才能适应用户对翻译提出的准时性要求。

（六）合理性

这里所说的合理性，是说收费要公平、合理，既不漫天要价，也不搞低价竞争。在经济市场化的今天，虽然翻译收费理所当然，但要讲究合理性。目前，有些翻译公司为多揽业务而降低收费；有些翻译公司为提高经济效益而乱喊价，这些都是不合理的做法，有损翻译行业的信誉。

（七）事后服务

用户购买产品，可以获得产品的售后服务。翻译也是一种产品，理所当然，用户有权获得事后服务，这完全符合市场运作规则。

翻译作为一种产品或商品，难免会出现差错。有些差错，在“交货”前是很难发现的。因此，如有差错，翻译的责任单位或责任人应为用户提供事后服务，以解决用户所发现的问题。这样做，不仅有利于维护和提高翻译单位或翻译人员的信誉，更重要的是，还可避免不必要的纠纷，因为事后服务是补救过失的最好方式。

四、翻译改进

要根据用户反馈的翻译批评信息，对翻译工作进行改进。这样做，有利于提高译者的翻译水平和服务质量。

事实证明，用户是最好的翻译鉴赏家，也是最有资格的翻译批评家。译者产出的“产品”好不好，唯有用户说了算。因此，重视用户对翻译提出的批评，是建立翻译评价体系的重要内容之一。

曾经，笔者的翻译组有一次把整本技术说明书中的一个关键词“excavator”翻译成“掘进机”，用户看到后说：“我们进口的是挖掘机，而不是掘进机，是不是生产厂家发错货了。”后来查证，是翻译错了。从这一事例可以看出，翻译批评是何等重要！

翻译批评相当于书评或文艺批评。建立翻译批评机制，对我国的翻译学科建设具有重要意义。目前，我国翻译界正缺乏这种翻译批评机制，建立翻译批评机制和翻译评价体系是摆在我国翻译界面前的一项重要任务。

第六节　翻译三论

按照译者行为准则行事，是客户或用人单位对译者的品行要求。在翻译界，对译者行为准则的论述不多，但不等于不需要译者行为准则，有些译者就忽视了这一点。译者若要做到不犯错误或少犯错误，就必须坚守译者行为准则。

笔者根据多年的翻译实践经验，认为译者行为准则应包括三个方面，即译德、译功和译风。正如著名教育家叶圣陶所说：“一个人的智育不好是次品，体育不好是废品，德育不好是危险品。”因此，译者应全面发展译德、译功和译风三个方面。

一、译德

所谓译德，就是翻译工作者的职业道德。从职业的角度上讲，译德包含三个方面内容：一是忠实；二是纪律性；三是礼貌待人。这三个方面是翻译工作者的道德行为准则。

（一）忠实

所谓忠实，是指对原语翻译的忠实性。意思是说，翻译不能随心所欲，任意改变原意，或者无中生有，这都是不忠实的行为。比如“Oxygen and air sparging are used for oxidation.”，这句话原意是“用充氧充气来氧化”，如果译为“用充气充水来氧化”，原意就变了。这就是不忠实原意的行为，不符合“忠实”这一译德准则。

在此需要指出的是，工科专业的译者最容易犯这样的错误。有些专业技术人员常说：“一看图，就知道讲什么。”因此，在翻译中往往凭感觉行事，但是这样最容易违背原意。科学技术发展得很快，新知识不断出现，对于这些知识，译者并非都懂得，所以就需要不断地学习。

“乱译、胡译、瞎译、猜译”也是翻译事业中最忌讳的。理由很简单，与其说这是翻译，倒不如说是译者自己在编造文章。

就工程英语翻译而言，若翻译背离了原意，势必会对工程建设产生重大影响，给施工单位带来不必要的经济损失。在翻译中坚守“忠实”这一译德准则，也可视为译者的一种职业道德修养。

（二）纪律性

在对外交往中，特别强调的是外事纪律。如不注意加强纪律修养，就有可能犯错误。在全球经济日益一体化的今天，翻译工作者与外商或国外技术专家的接触交往增多，这就要求翻译工作者更应该时刻保持清醒的头脑，随时警惕对方“糖衣炮弹”的侵蚀，要永葆清廉本色。

除了保密意识之外，翻译工作者还要警惕他人的贿赂。只要翻译工作者一身正气、清廉正直，就不会犯纪律方面的错误。严于律己、清正廉洁也是对翻译工作者品行的最基本的要求。

（三）礼貌待人

礼貌待人是中华民族的优秀品德。作为一名翻译工作者，应该把这种美德发扬光大。所谓礼貌待人，就是要求翻译工作者在翻译现场不要喧宾夺主，要始终当好翻译的角色。除此之外，举止文明、态度谦虚、待人诚恳，也是对翻译工作者的基本礼仪要求。

记得有一次在施工现场，当时有一名译员因为没有听懂对方的意思，索性不翻译此部分内容，接着继续翻译其他内容。没料到，没翻译的部分恰好是非常重要的内容，导致施工人员没有按照外国专家的要求去做。外国专家感到不对劲，就问这位译员：“你把我所说的话全部翻译了没有?”这名译员诚恳地向专家道歉，并虚心请专家解释这句话的意思，专家为他的诚恳态度所打动，对他的过失表示谅解。

从上述事例可以看出，虚心诚恳、不要不懂装懂、实事求是，是为人处事的基本道理，也是翻译工作者解决工作中遇到的问题的一种方式。

因此，翻译工作者要养成良好的礼仪，尤其是口译工作者，这也是衡量一个人素质高低的一个重要因素。只有翻译工作者树立良好的形象，才能营造良好的翻译环境。

二、译功

所谓译功，就是翻译的基本功或翻译技能。就翻译工作而言，语言基础是最重要的译功。

译功涉及多方面能力，主要有翻译语能、翻译熟能、翻译智能、翻译才能四大要素，这些要素互为依赖关系。翻译语能指译者对语言的理解和应用能力；翻译熟能指译者对翻译的熟练程度或经验；翻译智能指译者对原语的悟性或灵感；翻译才能指译者的翻译天赋，尤其在同声翻译中其表现得更为突出。翻译天赋并不是人人都有，正所谓“七分勤奋，三分天才”。

译功是实现理想翻译的前提条件。译功不好，翻译质量也不好，因此，加强译功训练是培养优秀译员的重要途径。译功与武功一样，都必须经历一段漫长的训练过程。随着时间的推移，“练功”者就会逐渐领悟其中的奥妙。

从事工程英语翻译，也要具备扎实的译功，否则难以胜任这项工作。例如，刚从外语院校毕业的学生，由于没有经过一定量的实际的译功训练，因此难以完成工程英语翻译工作。“只有量变，才有质变”，这就是译功重要性的意义所在。

三、译风

译风包含两层意思：一是译者严肃认真、一丝不苟、精益求精、积极进取的工作作风；二是译者追求与原语含意或修辞相一致的翻译风格。

工程英语翻译需要的就是这种译风。只有保持这样的译风，才能产出高水平的翻译产品。目前，社会上出现一种片面追求经济利润的不良翻译风气，只求速度、不顾质量，这是译风不正的表现，有损翻译界的声誉。解决译风不正问题，最好的办法就是开展翻译批评。在我国翻译界，严重缺乏翻译批评，这对良好译风的形成极为不利。

译风也是学风问题。如果译者平时就有良好的学风，那么在翻译过程中也会处处体现良好的译风。科学技术在不断发展，新词汇也在不断产生。这些新词汇可以通过翻译传达给读者，如果译者缺乏良好的译风，那么翻译出来的作品的可读性或可接受性肯定会大打折扣。

综上所述，译风不但是译者的素质问题，也是学风问题。更重要的是，译风还是保证翻译质量的重要因素之一。

翻译三论是译者个人职业修养的重要内容。目前，我国翻译界尤其要加强译德和译风修养，这对我国翻译队伍的建设具有重要意义。希望翻译界能在这些方面多做一些工作，多培养出一些能与老一辈翻译家比肩的翻译人才。

第二章

工程英语翻译概述

第一节　工程英语翻译的概念

工程英语（engineering English）是科技英语（English for science and technology）的重要组成部分。随着我国工程领域的国际学术交流和国际工程项目承包的日益频繁，工程英语翻译已经成为我国翻译界一个热门话题，并且越来越受到翻译界的重视。对于如何定义和理解工程英语翻译，学术界也是仁者见仁，智者见智。下面笔者根据自己的理解和实践经验，提出一些观点，以便能够与工程英语翻译界的同人共同探讨。

一、工程英语

工程英语是一种专业性较强，不受情绪、文化等主观因素影响的专业语言。其涉及面十分广泛，几乎覆盖每一个领域，包括土木工程、桥梁工程、道路工程、造价工程、汽车工程、环境工程、计算机工程、电子工程、航空工程、航海工程、地质工程、勘探工程、测量工程、环境工程、水利工程、建筑工程、物流工程、机械制造工程、交通管理工程等领域。工程英语涉及特殊专业领域，加之工程专业人员长期以来形成的语言表达习惯，从而具备了自身的特征和风格。这些特征和风格，与普通日常英语、文学英语、商务英语等语体大不一样。

首先，从词汇方面来看，工程英语的一大显著特征是工程专业术语和专业词汇较多。与普通日常英语词汇不同的是，这些工程专业术语和专业词汇的专业性更强，含义也更具体。

其次，从语法方面来看，工程英语在时态上多以一般现在时和现在完成时为主，在语态上多以被动语态为主。

最后，从句法方面来看，工程英语以简单句和复合句居多，有时为了使表达更具逻辑性，也使用一些长句。

二、工程英语翻译

工程英语翻译是指将工程专业学术交流和国际承包工程项目方面的英语文件资料翻译成对应的汉语资料的工作。它对译者提出了较高的要求。译者要具备坚实的英语和汉语语言基础，掌握相关工程专业领域知识，熟悉工程英语翻译理论和技巧，辩证把握英语和汉语两种语言文化的差异，并拥有较强的汉语表达能力。

工程英语翻译的主要内容包括：① 工程研究领域的英文资料翻译、研究报告翻译、研究成果翻译、学术文献资料翻译、学术论文翻译、工程专业毕业论文（设计）翻译等；② 工程建设领域的国际承包工程标书翻译、国际承包工程合同翻译、国际承包工程设计方案翻译、国际承包工程银行保函翻译、国际承包工程施工现场标示语翻译、国际承包工程验收报告翻译、国际承包工程项目建设中的协商谈判翻译、工程建设信息资料翻译等。

工程英语翻译应遵循“信、达、雅”原则，即译文在内容上应忠实于原文、译文语言通顺流畅、译文表达方式应比较优雅，力求借助扎实的语言基础和牢固的工程专业知识，尽量准确地将工程英语翻译成符合汉语表达方式和习惯的工程类语言。

三、我国工程英语翻译现状

我国工程英语翻译起步较晚，是随着改革开放而逐步发展起来的。

国内很多大型公司都专门设有工程英语翻译机构，负责本公司各种资料的翻译工作。

在翻译投入方面，国内大型涉外工程公司把2%的总收入投入本地化翻译项目。其中，翻译国际承包工程中各种相关文件资料所需费用占比约为1.5%，其余费用分布在网络设备购置和电子商务业务等方面。

在国内、国际承包工程相关文件和资料翻译市场中，英语翻译占比较大，约为53%；汉语翻译占比次之，约为14%；日语翻译占比较小，约为11%。其他小语种翻译比例更小，韩语翻译占比为7%，德语翻译占比为4%，法语翻译占比为3%，其他语种翻译占比为8%。也就是说，英汉和汉英翻译占据了翻译市场中大多数份额，约为67%。

中国翻译协会成立于1982年，是国内翻译领域的学术性、行业性、非营利性组织。中国翻译协会于1987年正式加入国际翻译家联盟，其会刊是《中国翻译》（双月刊），于1980年创刊。2003年11月27日，国家质量监督检验检疫总局和国家标准化管理委员会批准发布了《翻译服务规范　第一部分：笔译》（GB/T 19363.1—2003）。2005年7月8日，中国标准化协会在北京组织召开了《翻译服务译文质量要求》国家英文版审查会，通过了英文版的译文审查。

当前国内有三种类型的翻译公司：① 国内翻译公司；② 国内本地化翻译公司；③ 国外本地化公司的中国分支机构。国内翻译队伍庞大，根据中国翻译协会（TAC）的统计，国内注册的翻译公司有3000多家，主要客户是国内各种公司；语种以英语为主；翻译领域涵盖多个专业领域，翻译的文件资料类型包括国际承包工程方面的文件资料、进出口方面的文件资料、出国人员相关文件资料等，其中以国际承包工程文件资料的数量最多；国内翻译公司的专职人员一般在5～15名，大多数是兼职，目前最大的翻译公司的专职人员数量为180人左右；国内本地化知名翻译公司不到15家；从事本地化翻译的人为1500人；国内知名翻译公司大多成立于1998年之前，大多集中在外贸业务发达的一线城市，如北京、上海、深圳等城市。

中国工程英语翻译行业的主要特点有以下几个方面：① 翻译规模偏

小，尚未形成产业；② 翻译公司数量众多，翻译质量参差不齐；③ 翻译行业竞争激烈，翻译价格缺乏统一标准；④ 翻译相关培训机构少，专业翻译人才匮乏；⑤ 翻译公司开始尝试本地化翻译。

随着我国国力的日益强大，国际承包工程项目越来越多，这无疑给我国工程英语翻译事业提供了更广阔的发展空间。因此，必须抓住发展的机遇，拓宽国内工程英语翻译市场，形成中国的强势品牌。同时，翻译协会与高校应实现横向联合，以期形成工程英语翻译行业和谐发展的生态系统。

第二节　工程英语翻译人员的基本素质、责任和专业化

工程英语翻译是一项严肃认真的工作，要求翻译人员必须拥有很强的法律意识、扎实的英语专业知识和工程专业知识，以及高度的责任心。随着我国国力的日益提升和国际承包工程项目的增多，市场对工程英语翻译人才的需求量与日俱增，这就要求必须加快培养工程英语翻译的专门人才，以满足当前的需要。可见，工程英语翻译领域的就业前景很广阔。但是，工程英语翻译人员的基本素质、责任心和专业化培养，是摆在我们面前的一项既艰巨又紧迫的任务，必须投入大量的人力和物力才能完成。

一、工程英语翻译人员的基本素质

工程英语翻译人员的基本素质包括思想素质和专业素质两个方面。

（一）工程英语翻译人员的思想素质

工程英语翻译人员必须具备高度的责任心，坚持实事求是的原则，不断培养从事工程英语翻译的兴趣和热情，树立为工程英语翻译事业奋

斗一生的决心和信念。工程英语翻译人员在国外从事工程英语翻译工作时，要时刻牢记自己代表着国家形象，严格履行合同，遵守外事纪律。

工程英语翻译不同于其他文体翻译，它要求译者必须具有高度的敬业精神和责任感，工作中必须做到严谨，翻译中必须字斟句酌，不能想当然。译者在业余时间，不断加强对英语翻译的新理论、新方法及工程专业知识的学习，不断向经验丰富的译者和工程人员请教。在国外从事工程英语翻译工作的译者，除了做好工程英语翻译工作外，还要熟悉当地的文化风俗，要灵活处理各种翻译中和生活中的突发事件。同时，译者要善于与工程专业人员进行沟通，虚心听取工程人员的意见和建议，要坚守工作岗位，遵守本国和工程所在国的法律及风俗习惯，严格遵守劳动纪律。

（二）工程英语翻译人员的专业素质

工程英语翻译人员必须熟悉相关工程领域的英语表达，掌握工程英语和工程汉语的特征和风格，以便能够顺利完成所承担的工程英语翻译任务。因此，工程英语翻译人员应掌握以下五个方面的专业知识。

1. 了解工程英语相关专业知识

由于工程英语翻译涉及诸多领域的专业知识，因此，要做好工程英语翻译工作，就必须具备全面且扎实的工程领域专业知识。为了达到这一目标，工程英语翻译人员应努力学习工程专业知识，力争使自己成为“翻译+工程”高端复合型人才。

2. 准确翻译工程专业术语和专业词汇

工程英语翻译的重点和难点在于对工程专业术语和专业词汇的翻译。要想准确翻译工程方面的文本，对专业术语和专业词汇的精准翻译起着至关重要的作用。可以说，要翻译工程文本，就要完全理解翻译文本所涉及的工程专业，把握工程原理，准确理解专业术语和专业词汇，这样才能实现翻译的准确性和专业性；否则，就会使工程专业人员无法理解译文，从而可能会影响国际学术交流和国际承包工程项目的顺利完成。

3. 准确理解工程专业词汇的词义

在工程英语翻译过程中，要注意有些常用词在工程专业中的特定含义，与普通日常用语中的意义迥然不同。此外，也不应将所有的常用词全部做专业或准专业词理解，这一点对于工程英语翻译人员，特别是刚刚开始从事工程英语翻译的人员尤为重要。因为，工程英语只是英语的一部分，并非完全不同的另一种语言，其中的词汇大部分仍是共核词汇。工程英语翻译过程中，不仅要勤查专业词典，而且要结合上下文语境来把握词的正确含义。比如“concrete”一词，在工程专业中就具有“混凝土制的，有形的，具体的”等多重意义；“cement”一词，在工程专业中可翻译成“水泥，胶合剂，胶接剂，黏固剂”等；“magazine”最常见的意思是“杂志”，可是在军事防御工程英语中也经常被理解为“弹仓，弹盒，弹盘”的意思。

4. 认真分析长句的语法构成，把握各句子成分之间的逻辑关系

工程英语中的长句有些是简单句，有些是并列句，有些是复合句，有些甚至是并列复合句。这些句子中往往又含有若干个分句（以定语从句居多）和许多短语及其他修饰限定成分，这会给译者造成理解上的困难。翻译长句时，首先必须深入、细致地分析长句的语法结构，厘清主体的脉络。例如，先厘清句子的主语成分、谓语成分；再层层明确各成分之间的语法关系和语义逻辑关系；最后根据英语和汉语表达习惯，选择增译、省译等恰当的翻译方法。为了使这些复杂句子所表达的内容更通俗易懂，可以用一种比较常见的翻译方法——拆分法。在翻译长句子时，可根据意群进行拆分，按照目标语表达习惯，进行适当的显化或隐化处理，使意思清晰明了。切不可逐字逐句翻译，使句子的意思模棱两可、晦涩难懂。

【例2-1】The availability of wind resource for most of the year and a large number of herdsmen living in dispersed, isolated locations have made renewable energy systems an attractive option for households without access to the electricity grid.

【注解】这个句子看起来很长，但是如果分析它的语法成分，就会发现它其实是一个简单句。它的主语很长，由两个并列的名词词组构成，即“the availability of wind resource for most of the year”和“a large number of herdsmen living in dispersed, isolated locations”，这就增加了理解难度。

译文：由于一年中大部分时间风力资源的可获得性及大部分牧民住在分散孤立之地，对于无法使用电网的用户，可再生能源系统是一种极具吸引力的选择。

5. 熟悉工程英语的构词特点，准确把握复合词的含义

一些常见的构词法对于准确把握工程英语复合词的词义起着非常重要的作用。因此，进行工程英语翻译工作前，应首先熟悉工程英语的构词特点。

工程英语中常见的构词法有词缀法（affixation）、复合法（compounding）、混成法（blending）及首字母缩略法（acronym）。由这些构词法构成的词语叫作复合词。复合词在工程英语中占据着相当大的比重。在理解这些复合词词义时，要从工程专业角度出发，切忌望词生意、歪曲词语的真正含义。

尽管工程英语翻译是一项难度很大的工作，但译者若能根据工程英语的特点，夯实自身基本功，掌握上述翻译要领，便能圆满完成翻译任务。同时，译者应该加强平时的学习，积累工程专业知识，加强翻译实践，扩宽知识面，在学习英语的同时，更要重视中文表达能力的提高，确保翻译出来的文字通顺、流畅、可读性强。

二、工程英语翻译人员的责任和专业化

工程英语翻译是一项严谨、细致的工作，因为工程英语翻译一般都与国际承包工程项目建设密切联系在一起，任何疏忽都可能影响工程项目建设的顺利进行，甚至造成争端和经济损失。一般说来，工程英语翻

译人员应做好以下三个方面的工作：① 要有高度的责任心和法律观念，以及严谨的工作作风；② 要刻苦钻研业务，不断汲取工程英语翻译方面的新经验；③ 要深入工作实际了解情况，积极与工程技术人员交流，切忌想当然地处理翻译中没有理解的内容。

要使工程英语翻译这项事业得到健康发展，走专业化道路是一个明智的选择。所谓专业化，就是做到以下三个方面的工作。

第一，建立专门机构来从事工程英语翻译工作。国内在这方面已经迈出第一步，一些大中型城市先后建立了一批有一定规模和知名度的工程英语翻译公司，来承揽国际工程承包方面的各种文件资料。这些工程翻译公司一般在网上都有发布公司介绍和承揽业务的广告等。

第二，培养专门从事工程英语翻译的人才。国内一些大专院校英语院（系）的翻译专业已经开始设立工程英语翻译方向，并且培养出一批高素质的工程英语翻译专业人才。但是，与我国快速发展的对外工程项目建设速度相比，对工程英语专业人才的培养速度还远远跟不上对外工程项目建设的步伐。因此，必须加快对工程英语翻译专业人才的培养速度。

第三，编写高质量的工程英语翻译教材。这是当前工程英语翻译界面临的最为紧迫的任务。笔者认为，教材编写也应走专业化的道路，应积极吸纳国内外翻译界最新的研究成果，选用最新的、规范化的语言素材，来充实教材的每一个章节，使学习者能够最大限度地接触到最切合实际的工程英语。

走工程英语翻译专业化道路符合科学发展观的要求，是解决当前工程英语翻译人才匮乏的最佳方案。在当前我国高等教育改革的浪潮中，英语专业教学改革应与社会对人才的需求紧密结合起来，培养出一批批实用型人才。

第三节　工程英语语言的特点

工程英语属于科技英语的一个组成部分，除了具有科技英语共通的特点外，还具有自身的一些特征，归纳起来有以下七点。

一、工程专业术语和专用词汇多

工程专业术语和专用词汇是指那些在工程领域中具有专门意义的术语和词汇。通常，这些术语和专用词汇在保留其基本词义外，还具有工程领域的特定含义。

【例2-2】concrete

基本词义：具体的；有形的。

工程专业词义：混凝土；固结成的。

（1）Do you have any concrete examples to give?

译文：你能举出具体例子吗?

（2）The research on the cold recycling on old pavement sites with concrete as its stabilizer.

译文：以水泥为稳定剂的旧路面现场冷再生技术探讨。

【例2-3】flare

基本词义：闪光；闪耀。

工程专业词义：火炬；火舌；喇叭天线；照明弹。

（1）They saw the sudden flare of a flashlight in the darkness.

译文：他们看见手电筒在黑暗中突然闪出的亮光。

（2）The plane dropped two landing flares and then flew away.

译文：飞机扔下两个着落照明弹后就飞走了。

【例2-4】tender

基本词义：嫩的；温柔的；柔软的。

工程专业词义：标书；投标；偿付。

（1）She shouldn't be having to deal with problems like this at such a tender age.

译文：她小小年纪涉世未深，实在还不该处理这样的问题。

（2）The problem in the tender of university with the reason analysis and the strategy study.

译文：高校招投标存在的问题、原因及对策探讨。

由于工程英语专业术语和专用词汇很多，因此工程英语翻译人员平时要加强积累，才能做到熟能生巧、学以致用。但是，在实际运用中，这些专业术语和专用词汇的意思有可能会发生改变，要具体问题具体分析。

二、多名词化结构

为了使行文表达客观规范、简明扼要，工程英语中常使用名词化结构，如表示动作或状态的抽象名词或起名词作用的动词-ing形式及具体名词短语结构。

【例2-5】the inspection and acceptance of light concrete wall panel

【注解】这是一个名词短语，确切地说，"inspection"和"acceptance"是两个表示动作的状态，在工程英语中可以作主语，也可以作宾语。

译文：轻混凝土墙板验收

【例2-6】removal and erection of moving scaffold

【注解】这是一个名词短语，其中"removal"和"erection"是表示动作的抽象状态；"moving"是动词-ing形式，在工程英语中既可作主语，也可作宾语。

译文：移动式脚手架的搭建和拆除

【例2-7】the generation of heat by friction

【注解】这是一个名词短语，其中"generation"和"friction"是表示动作的抽象状态，在工程英语中有时作主语，有时作宾语。

译文：摩擦生热

三、多长句和逻辑关联词

工程英语的一个显著特点是大量使用名词化词语、名词化结构及悬垂结构来精简句子长度，但是为了使事实清楚明了，有时也使用一些含有多个短语和分句的长句。

【例 2–8】The efforts that have been made to explain optical phenomena by means of the hypothesis of a medium having the same physical character as an elastic solid body led, in the first instance, to the understanding of a concrete example of a medium which can transmit transverse vibration but later to the definite conclusion that there is no luminiferous medium having the physical character assumed in the hypothesis.

【注解】这是一个含有分句和动名词词组的长句。"that have been made to explain optical phenomena by means of the hypothesis of a medium"是一个由 that 引导的定语从句，用来修饰"efforts"。"having the same physical character as an elastic solid body"是一个现在分词短语作定语，用来修饰"medium"。"the understanding of a concrete example of a medium"是一个动名词短语，用来作动词词组"led to"的宾语。"which can transmit transverse vibration"是一个定语从句，用来修饰"medium"。"that there is no luminiferous medium having the physical character assumed in the hypothesis"是"conclusion"的同位语从句，其中"having the physical character assumed in the hypothesis"是一个分词短语，用来修饰"medium"。

译文：为了了解光学现象，人们曾试图假定有一种具有与弹性固体相同的物理性质介质。这种尝试的结果，最初曾使人们了解到一种能传输横行震动的介质的具体实例，但后来却使人得出了这样一个明确的结论：并不存在任何具有上述假定所认为的那种物理性质的发光介质。

除了长句的使用以外，工程英语中还多运用逻辑关联词（logic connectors）来使短语、分句之间的关系更清晰。工程英语中常见的逻辑关联词如下：

① hence　因此；由此

② consequently　因而；所以

③ accordingly　因此；从而

④ then　那么；然后

⑤ however　然而

⑥ but　但是

⑦ yet　然而

⑧ also　也；同时

⑨ on the contrary　相反的

⑩ as a result　结果是

⑪ furthermore　而且；此外

⑫ finally　最后

⑬ in short　总之；简而言之

⑭ therefore　因而；所以

⑮ thus　因此；所以

英语是一种形合语言，句子中的逻辑关系需要用逻辑关联词显化处理，这样既符合英语语言表达习惯，也使句子的逻辑关系清楚明了、层次条理清晰，为读者减轻阅读障碍。

【例 2-9】Initial discussions with stakeholders and experts working in rural energy showed that the majority of agricultural areas were in flatlands, nearer to the infrastructure networks and therefore, connected to the national grid.

【注解】这是一个含有由 that 引导的宾语从句的复合句，that 引导的宾语从句表明了句子中的主次结构。

译文：与股东和农村能源领域专家的初步探讨说明，该地区大部分是平原，更靠近基础网络设施，因此与国家电网相连。

【例 2-10】One of the most important things that the economic theories can contribute to engineering management science is building analytical models which help in recognizing the structure of engineering managerial problems, eliminating the minor details which might obstruct decision making, and in concentrating on the main issues.

【注解】这是一个含有三个由that和which引导的定语从句的复合句，三个定语从句在句子中作后置定语，分别修饰先行词“things”“models”“details”，从而使句子结构清晰、层次分明，信息承载量大。

译文：经济理论对于工程管理科学最重要的贡献之一，就是建立分析模型。这种模型有助于认识工程管理问题的构成，排除可能妨碍决策的次要因素，从而有助于集中精力去解决主要问题。

四、多使用一般现在时和现在完成时

一般现在时和现在完成时这两种时态之所以在工程英语中最为常见，是因为一般现在时可以较好地表现工程资料内容的无时间性，表明科学中的客观规律、科学定义、定理、公式不受时间限制，任何时候都成立；现在完成时则多用来表述事务已经处理完毕或者项目已经竣工。

【例2-11】A kick-off meeting is intended to review all technical and commercial features of the contractual package and to remove any potential impediments to job execution.

【注解】该句子运用一般现在时来说明“开工会”是一种施工过程中经常召集的会议，不受时间限制。

译文：开工会旨在审查合同标段的所有技术商务特点，排除施工中的潜在阻碍。

【例2-12】Although no one has yet set foot on Vesta.and no spacecraft has been near, planetary scientists have obtained conclusive evidence during the last decade that cold, silent Vesta. was once the scene of volcanic activity.

【注解】该句子共三处运用了现在完成时来说明在研究灶神星方面所取得的成就。

译文：尽管从未有人登上过灶神星，也从未有太空飞船飞近过灶神星，但是研究行星的科学工作者在最近十年中已经获得了可靠的证据，证明寒冷、寂静的灶神星曾经是火山活动的场所。

五、多使用被动语态

英语中常常使用被动语态，在各种文体中都是如此，在工程英语中尤为突出。工程英语的语旨是要阐述客观事物的本质特征，描述其发生、发展及变化过程，表述客观事物间的联系，所以它的主体通常是客观事物或自然现象，这样一来，被动语态也就得以被大量使用。此外，被动语态所带有的叙述客观性也使得作者的论述更具规范，从而规避主观感情色彩。与这一特点相适应的是工程英语中少用第一人称和第二人称，即便非用不可，也常常使用它们的复数形式，以增强论述的客观性。

【例 2–13】An Environment Auditor may be retained by the Consultant to assure compliance with the requirements of *the Environmental Permits* and/or *Screening Report* and to monitor the performance of the containment system in particular and that of the Contractor in general.

【注解】这是一个含有被动语态的句子。该句子之所以使用被动语态，是因为作者强调的是一个事实，而不是强调施动者（即“谁”去实施这个动作），因此更适合使用被动语态。但翻译时，由于汉语表达习惯，此处可译为汉语的主动句。

译文：咨询工程师可以保留一位环境监察员来确保遵守《环境许可》和（或）《筛选报告》的要求，尤其要监测限制系统的运转，还要注意承包商的整体表现。

【例 2–14】Analysis shall be performed at the approval laboratory using the same test methods used for initial background analysis.

【注解】该句子使用被动语态，旨在陈述客观事实。

译文：分析应在授权的实验室，使用与初始周边背景分析相同的测试方法来完成。

六、多先行it结构

工程英语中，为了达到方便叙述的目的，经常使用it作为形式主语，而把真正作主语的从句、短语或不定式等结构放在句子的末尾，以使句子的结构保持平衡。

【例2-15】It's well known that the construction manager is responsible for the approval of all instructions given to contractors.

【注解】这是一个含有it结构的句子，其中that从句是主语从句，使用it结构可以避免句子在结构上失去平衡。

译文：众所周知，施工经理负责审批所有向承包商发出的指示。

【例2-16】It was understood that atoms were the smallest elements, and it is known now that atoms are further divided into nuclei and electrons, neutrons and protons.

【注解】这是一个含有两个it结构的并列句，其中两个that从句都是主语从句，使用it结构可以使句子在结构上更加平衡，也使行文更加凝重平稳。

译文：以前人们认为原子是最小的结构单元，现在才知道原子还可以进一步分为原子核与电子、中子与质子。

七、多后置定语

工程英语中，如果用名词作定语，一般放在所修饰词语的前面，称为前置定语。如果是用形容词短语或形容词性从句作定语，往往放在所修饰词语的后面，称为后置定语。工程英语中使用后置定语，可以达到使行文简练明快、句子承载信息量大的效果。

【例2-17】All disputes that arise from the building should be settled through consultation.

【注解】这是一个含有由that引导的后置定语从句的句子，该后置定语从句用来修饰名词“disputes”。

译文：施工过程中所产生的一切争议都应通过协商来解决。

【例2-18】Many man-made substances are replacing certain natural materials because either the quantity of the natural product can not meet our ever-increasing requirement, or, more often, because the physical properties of the synthetic substance, which is the common name for man-made materials, have been chosen, and even emphasized, so that it would be of the greatest use in the fields in which it is to be applied.

【注解】这是一个含有两个后置定语从句的复合句，其中由which引导的定语从句是一个非限定性定语从句，置于它所修饰的名词“substance”之后。由in which引导的定语从句是一个限定性定语从句，修饰名词“fields”。

译文：许多人造材料正在替代某些天然材料，这或者是由于天然物产的数量无法满足日益增长的需要，或者是由于人们选择了通常被称为合成材料的人造材料的一些物理性质，并加以突出而造成的。因此，合成材料在其被应用的领域里将具有很大的用途。

总之，工程英语以客观事物为中心，在用词上讲究准确明晰，在论述上讲究逻辑严密，在表述上力求客观，在行文上追求简洁通畅；修辞以平实为范，修辞格用得很少，句式显得单一，原文中有许多专业词汇和术语，句子长而不乱。

第四节　英语与汉语的差异

英语和汉语是两种不同的语言，两者之间存在很多差异，了解这些差异有助于做好工程英语翻译工作。英、汉两种语言之间的差异大致有以下十个方面。

一、综合性与分析性

英语属于综合性语言，其标志为词的曲折变化形式；汉语属于分析性语言，主要靠“着”“了”“过”等助词来表达不同的时间关系及动作的进展状况。

【例2-19】Thus encouraged, they made a still bolder plan to build another bridge over the Huanghe River.

译文：受此鼓舞，他们制订了一个在黄河上再修建一座桥梁的更大胆的计划。

【例2-20】Without the application of the new technology, suspense bridges over the valleys would have cracked or collapsed during the major earthquake, and many deaths and property losses would have been caused.

译文：如果没有运用这项新技术，在这么大的地震中，峡谷上修建的吊桥肯定会断裂或者坍塌，这会造成很多人员伤亡和财产损失。

二、紧凑与松散

一般说来，英语句子结构紧凑，有大量的连词、介词在句子与句子之间衔接；汉语句子结构松散，句子与句子之间无须使用连接成分。

【例2-21】Now the integrated circuit has reduced by many times the size of the computer of which it forms a part, thus creating a new generation of portable PC.

译文：现在，集成电路成了计算机的组成部分，使计算机的体积大大缩小，从而产生了新一代的便携式家用计算机。

【例2-22】A new kind of building material has been developed for the purpose that still taller buildings and longer suspense bridges can be built in any places.

译文：一种新的建筑材料被研制出来，这种材料可以使更高的大楼和更长的吊桥修建在任何地方。

三、形合与意合

英语非常注重形式，句子内、句子间常使用逻辑关系连词连接；汉语注重意思，句子内、句子间无须使用逻辑关系连词。

【例 2-23】The colors of the fences on both sides of the highway change from the bright yellow in the morning to the dark yellow in the evenings.

译文：高速路两边护栏的颜色变化多端，早上是鲜黄，到了傍晚则变成了深黄。

【例 2-24】The narrow streets, poor-quality vehicles and many new drivers pose a great threat to the urban life and pedestrian's peace of mind.

译文：狭窄的街道、质量不高的汽车及很多新手司机严重地威胁着城市生活，使街道上的行人无不胆战心惊。

四、繁复与简单

英语句子一般较长且结构复杂，汉语句子一般较短且简练。

【例 2-25】Pack rust is the term used for the condition where two areas of steel have been held tightly together by rivets or bolts, and subsequent crevice corrosion has forced these areas apart with a build-up of corrosion products between them.

译文：压锈是一个术语，它生成于两处由铆钉或螺栓紧紧固定的钢构件之间，缝隙腐蚀在两个结构件之间生成腐蚀产物，导致两部分分离。

五、物称与人称

英语多用非人称代词类词语作主语；汉语则多用人称代词作主语。

【例2-26】From the moment the engineering students arrived at the worksite of the railway in Tibet, much care and kindness surrounded them everywhere.

译文：工程专业的学生们一到达西藏的铁路建筑工地，就处处受到极大的关心和照顾。

【例2-27】A big sign board with the words "Danger! Falling bricks." reached their eyes when they got to the worksite.

译文：他们到达工地时，一眼就看见了一个写着"小心掉砖砸伤"的大牌子。

六、被动与主动

英语多用被动语态，特别是工程英语；汉语多用主动语态。

【例2-28】A single paint system shall be used throughout the entire project unless specified otherwise.

译文：除非另有说明，否则整个项目中应只使用一种涂装系统。

【例2-29】Respirators shall be furnished by the Contractor and used when such equipment is necessary to protect the health of employees.

译文：为了保障员工的健康，必要时应使用呼吸器，且呼吸器应由承包商提供。

七、静态与动态

英语常使用静态；汉语则偏向于使用动态。

【例2-30】This electronic instrument is a far more careful and industrious inspector than human beings.

译文：这个电子仪器比人检查得更加细心、更频繁。

八、抽象与具体

英语倾向于使用抽象概念；汉语偏爱具体措辞。

【例 2-31】The absence of intelligence about the atomic power station is an indication of satisfactory development of it's construction.

译文：没有核电站的消息即表明修建核电站的进展令人满意。

九、间接与直接

英语常使用间接肯定、否定；汉语倾向于使用直接肯定、否定。

【例 2-32】The engineer does not think that this new kind of material is not fit for the construction of bridges in this area.

译文：那名工程师认为这种新材料非常适合在该地区建造桥梁。

【例 2-33】If they had thought the protection of the river before they built this chemical plant, the local people would have been independent of the pollution and free of the strange disease.

译文：如果他们在修建这座化工厂前就考虑到保护这条河流的话，当地人就不会受到污染的影响，也不会得上这种怪病。

十、替换与重复

英语常使用替换词语以避免重复，其中名词、代词居多；汉语多用重复词语。

【例 2-34】During the course of the construction of the dam on the river, they met many difficulties, fortunately, they solved them with the help of the local government.

译文：在修建这条河上的那座大坝时，他们遇到了很多困难，幸运的是，他们在当地政府的帮助下解决了这些困难。

【例 2-35】After years of research, she finally succeeded in finding out the new kind of building material, and now it is widely used in almost all fields of construction.

译文：经过数年的研究，她终于成功地研制出了一种新型的建筑材料，现在这种建筑材料几乎在所有工程领域都被广泛使用。

第五节　工程英语翻译中的常见问题

工程英语翻译是翻译领域的一门新兴学科，它不同于其他题材的翻译。但是，由于受到翻译人员英语专业知识和工程专业知识难以匹配的影响，目前，工程英语翻译在实际中常常出现一些问题，从而影响工程英语翻译的质量，进而阻碍工程英语翻译学科的健康发展。下面就目前存在的一些问题进行分析，以期抛砖引玉。

一、工程英语翻译专业人员不足

当前，国内从事工程英语翻译的人员主要是英语专业毕业生，这些人员的最大特点就是一边强、另一边弱。换句话说，这些人受过英语专业的教育，英语基本功扎实，水平高；可是工程专业方面的知识相对匮乏，对工程英语方面的词汇量掌握得偏少，不能正确区分普通英语词语和工程专业词语，在翻译中往往无法正确理解工程英语专业词语的准确含义，容易造成词不达意的后果。

近年来，涉外工程项目日益增多，对工程英语翻译人员的需求量也越来越大。虽然一些大的工程公司设立了工程英语翻译部门，一些有识之士也抓住了发展的机遇，成立了工程英语翻译公司，专门从事涉外工程项目标书、合同等文件的翻译工作，但是这些目前还不能完全解决我国对外工程建设发展的需要，而且这些公司里的翻译人员大多数都是高校的兼职人员。要改变这种缺乏工程英语翻译人才的现象，主要的途径就是在高校外语院系开设工程英语翻译专业，举办在职人员培训班，为我国培养专门的工程英语翻译人才；同时，组织编写关于工程英语翻译专业的配套教材和工程英语翻译人员工作手册，鼓励在岗人员自学成才，以期最终使我国工程英语翻译人才匮乏的问题得到根本解决。

二、翻译人员缺乏系统的技巧性指导

近年来，我国一些高校在外语专业课程设计中增加了工程专业方面的内容，开设了一些相关课程，这无疑开辟了我国外语专业人才培养的新思路，且培养出了一批复合型人才。有些外语类大学甚至开设了工程英语翻译专业，来培养工程类专业翻译人才。这些工程类专业翻译人员的专业基础扎实，词汇较为丰富，非常适合承担国内外工程英语翻译工作。

但是，这些工程专业翻译人才毕竟数量有限，无法完全满足日益发展的涉外工程的需要。当前，我国工程英语翻译人员大多数都是兼职或从英语专业转过来的。他们虽然也掌握了大量的英语词汇，但是其掌握的工程专业词汇量却偏小，这往往会导致在实际翻译中出现用词不当、表达不清，甚至误译的现象。另外，还有一些工程英语翻译人员，是工程专业毕业人员，有扎实的工程专业知识，但英语专业知识特别是英汉文化背景知识缺乏，对英、汉两种语言之间的文化差异也缺乏全面的了解，这往往会造成知识运用面狭窄、翻译时文字选用不准确、表达不清楚等障碍。同时，在工作中对他们缺乏系统的技巧性指导，结果往往导致翻译失误。因此，建立完善的工程英语翻译人员系统的技术性指导意义重大。

笔者建议，对上述问题最好的解决办法是理论与实践相结合，尽快编写工程英语翻译人员技术指导手册，加强工程英语翻译人员的理论学习和现场翻译实践经验积累。工程英语翻译人员也要加强业务学习，潜心修炼，努力使自身翻译技能实现质的飞跃。

三、译文与原文在内容和文体上缺乏一致性

工程英语翻译需要扎实的英语知识和工程专业知识，不仅仅是把英语的词、句转化成汉语的词、句。要做好工程英语翻译工作，翻译人员必须对工程英语文件的语境有一个完整的把握，充分理解原文的含义及工程英语各类文件的表达方式，把握工程专业词语和普通词语之间的区别，力求对原文内容有一个清晰的理解，对原文文体有一个明确的认识，使翻译出来的文字从内容和文体上与原文保持一致。

工程英语文件（以工程项目标书、合同居多）多为行文严谨的法律性文件，有其特有的词汇、短语和句型，有对应的汉语词汇、短语和句型。但是，有些工程英语翻译人员在实际翻译中，仅仅按照工程英语文件的字面意思进行逐字逐句的翻译，忽视了文件的整体概念，结果使翻译出来的工程文件在内容和文体上与原文存在较大差异，导致国际承包工程文件的规范性和法律效能受到影响。

四、译文的可读性和可接受性差

工程英语翻译人员除了要有扎实的英语知识和工程专业知识外，还应当具有扎实的语言表达能力，这样翻译出来的句子才能够达到忠实原文、通顺流畅、简洁明了的效果，使工程文件具有较高的可读性和可接受性。但是，在实际工作中，许多工程翻译文件“汉化英语”和“洋味中文”现象过于突出，影响了译文的可读性和可接受性。这就充分说明，工程文件译文一定要符合目的语表达习惯和文体风格。笔者通过分析发现，造成工程文件译文汉化表达情况屡现的主要原因在于工程英语翻译人员在实际翻译时用词不当，想当然地进行词语的机械搭配。

笔者认为，解决此问题的最好办法就是定期对工程英语翻译人员进行在岗培训，加强对他们语言文字功底的训练，增强他们对英汉文化差异的了解，建立健全译文抽样评估和验收制度，把好最后“关口”。

第三章

工程英语翻译原则与策略

第一节　工程英语翻译原则

工程英语翻译与多门学科有紧密的联系，涉及语言学、修辞学、逻辑学、心理学、美学、思维科学、工程学等方面的知识。因此，可以说工程英语翻译是一个复杂的、多维多层次的思维和实践活动。但是，工程英语翻译也有其特有的一些原则，如首先必须遵守“信、达、雅”的原则，此外还应遵循信息传递原则、美学原则等。如果在实际翻译中能够始终坚持这些原则，就能够达到事半功倍的效果。

一、“信、达、雅”原则

我国近代著名的翻译家严复在《天演论·译例言》中首次提出“信、达、雅”原则。一百多年来，这一原则在我国翻译界产生了巨大的影响。其中，对于“信”和“达”原则，翻译界一致认可，唯有对“雅”原则产生了不少争议。五四运动以来，特别是改革开放以来，白话文、现代汉语成为国内外一致认可的通用汉语，如果再“用汉以前字法、句法”进行英汉翻译，是很难行得通的。因此，我国翻译界对“雅”的诠释发表了很多观点，具有代表性的是湖南师范大学周煦良教授的诠释。周煦良教授1982年发表的《翻译三论》一文中说：“我认为应当作为‘得体’来解释。得体不仅仅指文笔，而是指文笔基本上必须根据内容来定；文笔必须具有与其内容相适应的风格。”因此，也可以说，如果一篇译文在内容上是忠实的，在语言上是通顺的，在风格上是得体的，那么它就是一篇很好的译文。

二、工程英语翻译中的信息传递原则

工程英语翻译同其他文本的翻译一样，要传递的是文字中所蕴含的信息。该过程可以描述为：工程英语翻译中的信息传递要达到发出的思维信息与读者接受的思维信息相等或相似的程度。思维信息由感知信息、认知信息、语言信息、情感信息、美感信息、概念信息等因素复杂地组合在一起，实际上是心理活动的结果，而语言和话语是心理活动的工具。因此，要优先满足这些以保证信息准确传递的先决条件。

从概念上来看，思维信息既包括抽象思维信息，也包括形象思维信息，即包括科学逻辑思维信息和感受逻辑思维信息。前者属于显意识，后者含有潜意识并具有模糊性。翻译中的难点在于翻译人员如何传递潜意识。潜意识的传递原则应在多层次的语境指导下，或保留其模糊性或使其显化出来，从而达到翻译系统中三个方面的心理感应一致的效果，使读者完全理解语言所承载的全部信息。

三、工程英语翻译中的美学原则

从美学角度来看，人们所处的客观世界存在着自然美、社会美、艺术美和科学美。从心理学角度来看，自然美、社会美和艺术美都是客观的外在美在人脑感知系统中的反映，也可以称为感受美或美的体验。科学美则是客观世界的事物本质或所遵循的规律在人脑认识系统中的抽象化和概念化，可以称作理性美，是一种心灵深处的美的感受。

所谓感受美，通常通过语言和话语，以音美、形美和意美的形态表现出来，并以巨大的魅力把读者带入客观世界，激发人们对客观世界的了解和对科学的美的享受。对于理性美，科学家爱因斯坦曾做过这样的描述：有可能把自然规律归结为一些简单的原理；评价一个理论是不是美，标准正是原理上的简单性，不是技术上的困难性。由此可见，理性美是通过语言，以真理性、和谐性、逻辑性、简洁性、精确性表现出来的。工程方面的文件和论著主要是理性美集合的结晶。这些美的再现，是工程翻译乃至所有科技翻译中应当始终遵循的原则。

理性美的再现往往受情感因素的影响较小，主要是受语言差异、翻译人员工程科技知识水平和文化素养的影响。由此看来，工程英语翻译过程中，要等值地再现原文中的理性美不是件容易做到的事情。但是，世上无难事，只怕有心人。只要工程英语翻译人员刻苦钻研，不断提高自己的工程专业知识水平，不断积累工程英语翻译的实践经验，是完全可以达到这一境界的。

第二节　工程英语翻译策略

工程英语翻译中，除了要掌握基本翻译策略外，还应当根据工程英语自身的特点，掌握一些适合工程英语翻译的策略。与一般的翻译策略相比，工程英语自身特点决定了其独特的翻译策略，这是工程英语翻译人员应当掌握的。

由于工程英语翻译涉及工程专业领域的各个方面，因此，从事工程英语翻译的工作人员需具备一定的专业背景知识。为此，工程英语翻译初学者应努力学习有关工程的专业知识，以更好地助力翻译实践。

一、准确领会和翻译工程英语术语和专业词汇

术语和专业词汇既是工程英语翻译中的重点，又是难点。要想翻译好工程专业方面的文献资料，术语和专业词汇翻译的准确与否起着至关重要的作用。可以说，工程英语翻译时，翻译人员有时可以不理解工程专业知识，不理解某个原理，但是一定要准确把握工程英语术语和专业

词汇的确切含义，切忌仅凭主观臆断来确定词义。

二、熟悉工程英语的构词法

掌握工程英语的常见构词法，对准确理解工程专业术语和专业词汇词义尤为重要。工程英语中常见的构词法有以下四种。

（一）合成法（compounding）

合成法指将两个或两个以上的词组合成一个新词。例如：

（1）roadbase　路基

（2）as-built　竣工

（3）competitive-bid　招标的，投标竞争的

（4）index-linked　指数化的

（5）on-site　现场

（6）blackout　电力中断

（7）blast-furnace slag cement　矿渣水泥

（8）borehole　钻孔；探土孔；挖孔

（9）brick-on-edge　侧置砖

（10）built-over　建筑的；覆盖的

（二）拼缀法（affixation）

拼缀法（或词缀法）是指在一个词前或后加上词缀构成新词的方法。工程英语中以这一方法构成的新词最多。例如：

（1）commencement　开工

（2）construction scheme　施工

（3）implementation　执行

（4）agreement　协议

（5）fabrication　制造

（6）submission　投标

（7）overreach or underreach　动作区（时间）延长或缩短

（8）pre-acceleration　前加速

（9）post-acceleration　后加速

（10）sub-supplier　分供货厂家

（三）混成法（blending）

混成法是指将原有两个词各取其中一部分（有时还是某一词的全部）合成新词。这类词在工程英语中相对较少。例如：

（1）biochemical　生物化学的

（2）motel　汽车宾馆

（3）smog　烟雾

（4）telex　电传

（5）copytron　电子复印

（四）缩略法（acronym）

缩略法是指采用单词的首字母，将某一词组中的几个主要词的首字母组合起来，形成本行业约定俗成的专有词。这类词在工程英语中较为常见。例如：

（1）NC（numerical control）　数字控制

（2）MEMS（microelectromechanical systems）　微电子机械系统

（3）RFID（radio frequency identification）　无线电频率识别

（4）GPS（global positioning system）　全球定位系统

（5）FOB（free on board）　船上交货（离岸价）

（6）CASE（computer aided software engineering）　计算机辅助软件工程

（7）SDE（software development environment）　软件开发环境

（8）PSE（programming support environment）　软件设计支持环境

（9）IPSE（integrated project support environment）　集成化项目支持

（10）RC（reinforced concrete）　钢筋混凝土

（11）PSL（problem of statement language）　问题陈述语言

（12）PSW（process state words）　程序状态字

三、厘清工程英语长句的结构，把握各部分之间的逻辑关系

长句一般指含有超过22个单词的句子，而工程英语中的长句数量不少。为了体现严谨性，长句中常常嵌套若干分句，或包含许多短语及其他修饰限定成分，这给翻译人员的理解带来了一定困难。翻译人员必须对长句结构进行分析与拆解，厘清主干，区分各层级之间的语法关系和语义逻辑关系，从而综合选择多种方法，采取灵活的翻译策略进行翻译。翻译时，一定要将句义的准确性和明晰性放在首位，该断句就断句，该增益就增益，不可固执地坚持原文形式。

【例3-1】Furthermore the in situ stress level must be known in order to avoid man-made earthquakes caused by fluid injection which may raise the pore fluid pressure to a critical level at which pre-existing tectonic stresses could be released.

【注解】例3-1是一个较长的英语复合句。首先，主句中主语为“the insitu stress level”，谓语为“must be known”。其次，后面的“in order to avoid man-made earthquakes”为目的状语；再后面的“caused by fluid injection”为过去分词词组，作定语修饰“man-made earthquakes”。再次，“which may raise the pore fluid pressure to a critical level”为定语从句，修饰“injection”。最后，“at which pre-existing tectonic stresses could be released”又是一个定语从句，修饰“a critical level”。

译文：此外，必须进一步了解原地应力的大小，以避免注入流体可能使孔隙流体压力增加到已存在的构造应力可释放的临界程度，从而引起人为地震。

【例3-2】The great advantages of this ERTS satellite’s imagery include global synoptic coverage irrespective of military and political factors, repetition of imagery every 18 days with constant sun angle and shadow effects, provision of accurate and uniform exposure over enormous areas (hence the mosaic assembling of aerial photographs is avoided), giving a regional picture, and cheapness.

【注解】本句虽然很长，但是从结构上看却是一个简单句。谓语动词"include"带有三个宾语：① global synoptic coverage（其后面的"irrespective of military and political factors"为修饰此宾语的定语，说明条件）；② repetition of imagery（其后面的"every 18 days with constant sun angle and shadow effects"为定语，修饰该名词词组）；③ provision of accurate and uniform exposure（其后面"over enormous areas"为定语，修饰前面的名词词组）。现在分词"giving"带有两个宾语"regional picture"和"cheapness"，构成分词短语，作结果状语。

译文：这种地球资源卫星影像的最大优点是具有全球性宏观覆盖，不管是否存在军事和政治因素，它每18天以恒定的日照角和遮蔽效应重复影像，保证在广大地区准确统一的摄影（从而避免了航片的镶拼），给出区域性图像，而且成本很低。

第四章

工程英语翻译技巧

工程英语作为科技英语中的一个重要组成部分，在对外交往特别是经济领域的学术交流中有着越来越重要的作用。与文学等其他文体不同，工程英语所阐述的内容主要是过程、规律、规则和概念等需要从客观角度描述的问题，不要求辞藻的华丽，而注重形式简练、切中要点、句式严谨、逻辑性强。因此，工程英语的翻译应与该专业自身的特点相结合，与我国最新颁布的设计规范相结合，力求准确、专业、严谨、流畅。

英语和汉语是两种完全不同的语系，无论是在词汇，还是在语法结构上，都存在很大差异。因此，工程英语翻译人员要在忠实于原文的前提下，摆脱原文形式的束缚，使自己的译文通顺流畅，更符合汉语的语言规范。在翻译中，一方面要求译文与原文的信息具有等价性，保证信息的等价转化；另一方面要求译文具有较强的传递性，保证目的语的读者能够完整而准确地获得原作信息。但是，在实际翻译过程中，翻译人员常常根据自己对专业知识的理解，来对英语的原文进行简单的汉语整理，这样译文就会出现各种各样的问题。这些问题的出现，是翻译人员在翻译时大都侧重对专业知识的总体了解、随意性强、缺乏翻译技巧导致的。本章就工程英语专业词汇、句子的翻译技巧进行探讨。

第一节　工程英语专业词汇翻译技巧

工程英语翻译时，首先需要解决的问题，就是对工程英语专业词汇的翻译。工程英语专业的词汇量十分庞大，主要由专业术语和词汇组成。专业词汇翻译主要包括工程专业术语和词汇的翻译、行文中同义词和近义词的翻译、缩略词的翻译、复合词的翻译等。翻译工程专业词汇时，要特别注意词义的选择，力求“信”“准”；同时，要合乎工程专业规范表达要求，为翻译句子的“信”“达”打下基础。可见，工程英语翻译人员应当具备一定的工程专业基础知识，对所翻译的工程英语文献资料有较为全面的了解。

一、专业术语的翻译

工程专业术语特指在工程领域中具有专门意义的词汇，这些专业术语不一定保留其基本词义，常在工程领域具备特定含义，其意义极大地区别于日常英语。专业术语的翻译一定要在掌握相关工程专业知识的基础上进行，一定要根据所掌握的工程专业知识来确定该专业术语在句子中的确切含义，切忌仅仅从词汇表面来确定词义。例如：

（1）as-built conclusion　竣工结论

（2）balcony　露台

（3）base　基座

（4）base support　底座支架

（5）bedrock　基岩；基层岩

（6）bill of material（quantities）　材料（数量）清单

（7）case pile　套管桩

（8）causeway　堤道

（9）sand well　沙井

（10）civic design　建筑设计

（11）concrete　混凝土

（12）commencement date　开工日期

（13）conversion　改建

（14）date of delivery　交货期

（15）field quality control　现场质量控制

（16）official submission　公开投标

（17）protective clauses　保护性条款

（18）request for proposal　询价书

（19）standard penetration tests　标准贯入试验

（20）supplier　供货厂家

（21）bar bender　弯铁工；糊铁工

（22）bare patch　秃块

工程英语中专业词汇的涉及面非常广泛，包括航天工程、环境工程、机械工程、土木工程、计算机工程、电子工程、地质工程、电气工程、桥梁工程、公路工程、建筑工程、交通运输工程、铁路工程、材料工程、食品工程、皮革工程等。因此，翻译时，一定要熟悉工程专业方面的知识，切忌望文生义，免得闹出笑话。

二、缩略词的翻译

缩略词是工程英语专业词汇的主要组成部分，在工程英语词汇中占有较大的比重。翻译缩略词时，首先要弄清这些缩略词是由哪些词汇以什么方式缩略的，然后根据这些词汇确定缩略词的准确含义。工程英语翻译人员不但要熟悉工程的背景情况，而且要了解这些缩略词的缩略方式。一般来说，有以下四种缩略方式。

（1）列出固定词组中每一个词的首字母。例如：

① RIP，是由“road improvement program”缩略而成的，可翻译为“道路改造工程”；

② EDM，是由“electronic distance measuring”缩略而成的，可翻译为“电子距离测量”。

（2）半缩略词。一般是采用词组中的前两个词的首字母加后面的词构成的。例如：A-D line是由“Advance-Decline line”缩略而成的，可翻译为“升降线”。

（3）缩略某词的一部分，如词的开头部分或结尾部分。例如：

① Auteq，是由“automatic equipment”缩略而成的，可翻译为“自动设备”；

② Atht，是由“atomic heat”缩略而成的，可翻译为“核热容量”。

（4）使用外来缩略词。例如：“vs，i.e，lb，e.g”等，分别是拉丁语中的versus（与……相对）、idest（即）、libra（磅）和exempligratia（例如）的缩略词。

三、复合词的翻译

工程英语中有大量的复合词，其中大多数工程术语也是复合词。这些复合词从构词法上来看，主要以合并法为主。工程英语复合词并不是构成该复合词的几个词的词义的简单相加，而是要根据工程英语术语和专业词汇的特定含义来理解这些复合词的准确意思，切忌望词生义。例如：

（1）as-built conclusion　竣工结论（总结）

（2）as-built drawing　竣工图

（3）as-built drawings and other associated technical information　竣工图及其他有关技术资料

（4）construction scheme　施工方案

（5）construction site visit　施工现场调查

（6）construction stage of the contract plant　合同电厂的施工阶段

（7）stream time　连续开工时间；工作周期

（8）subsidiary company　子公司

（9）sub-supplier　分供货厂家

（10）similar power plant　同类型电厂

（11）new Austrian tunneling method　新奥法

（12）rock mechanics　岩石力学

（13）supporting technology　支护技术

（14）center diaphragm　中壁法

（15）the cross diaphragm　交叉中壁法

（16）the double side drift method　双侧壁导坑法

（17）screen line　核查线

（18）equity concerns　公平性问题

（19）capacitated traffic assignment problem（CTAP）　容量限制交通量分配问题

（20）inflated travel time（ITT）　膨胀出行时间

（21）revenue-neutral property　税收收入中性财产

（22）user equilibrium（UE）　确定性用户平衡

（23）system optimal（SO）　系统最优

（24）origin-destination（O-D）　动态起点-讫点（起讫点）

（25）macroscopic fundamental diagram　宏观基本图

（26）paired samples t test　配对样本 t 检验

（27）linear regression analysis　线性回归分析

（28）Pearson's correlation　皮尔森相关系数

（29）variance inflation factor　回归拟合度

（30）regression fits　方差膨胀因子

（31）standard error　标准差

第二节　工程英语复合句的翻译技巧

在工程英语翻译实践中，要力求做到“忠实原文，通顺流畅，切合原文的风格”。由于工程英语中含有定语从句、状语从句、被动语态的复合句，并且它们出现的频率较高，同时这三种复合句也是日常工程英语翻译中的难点所在，因此，下面将重点对这三种复合句的翻译进行探讨。

一、含有定语从句的复合句翻译

英语与汉语是属于两个完全不同语系的语言，就定语来说，英语的定语从句呈现出一种右开放状，即英语的定语从句可以置于所修饰语的后面，形成后置修饰语；汉语没有后置定语从句，作为修饰限定成分的定语，习惯上被置于修饰语之前，呈现出一种右封闭状，即汉语的定语一般置于所修饰语的前面，形成前置修饰语。因此，翻译人员在翻译工程英语定语从句时，最有效的方法就是先将定语从句与所修饰的词语进行分离，再进行翻译。

英语定语从句一般分为限定性定语从句和非限定性定语从句，它们有各自的翻译方法和技巧，下面主要对其进行探讨。

（一）含有限定性定语从句的复合句翻译

复合句翻译向来不易，而限定性定语从句所修饰的部分，相较于句子的其他部分，和从句关系更紧密，掌握此类复合句的翻译有助于翻译实践。翻译时，翻译人员可以应用以下三种方法。

1. 合并法（combination）

合并法是指将若干个短句，从译入语的角度合并成一个长句。比如，含有限定性定语从句的句式，合并的方法是将后置定语从句译成“……的”这一结构，置于所修饰的词语前面。

【例 4-1】For the research of environmental engineering, pollution is a pressing problem which the experts must deal with seriously.

译文：对于环境工程研究来说，污染是专家们必须认真解决的一个紧迫问题。

2. 分译法（division）

当含有限定性定语从句的句式较长且结构复杂时，可将定语从句和主句分开来译，即化整为零、分别翻译，这样就能将复杂的英语句子转换成结构简单的汉语句式了。

【例4-2】The technician worked out a new method by which the construction of the suspense bridge has been rapidly increased.

译文：那位技术员研究了一种新的办法，该方法被采用之后，吊桥的修建速度得到了快速提高。

3. 混合法（mixture）

当含有限定性定语从句的句式较长且结构复杂时，翻译时可打破原来句子的结构，根据翻译人员对原文的正确理解，用自己的话语将原文翻译出来。这种方法也可以称为意译，适合翻译“There be”句式。

【例4-3】Research has found that there are some metals which possess the power to conduct electricity and the ability to be magnetized.

译文：研究发现，有些金属既能导电，又能被磁化。

（二）含有非限定性定语从句的复合句翻译

非限定性定语从句与其所修饰的词语之间的关系比较松散，是主句的修饰限定或补充说明的部分，若省掉非限定性定语从句，原来句子的基本意思不会受到很大影响。非限定性定语从句的翻译方法与限定性定语从句的翻译方法相似，不过，相比较而言，翻译非限定性定语从句时，分译法使用得更多，有时候也可以根据情况翻译成汉语的并列句、复合句或独立结构的句子。翻译非限定性定语从句的方法有以下两种。

1. 分译法（division）

当含有非限定性定语从句的句式中的先行词和引导词有指代关系时，一般有三种译法：① 在翻译定语从句时重复先行词，以避免逻辑上的混乱；② 把定语从句翻译成并列句，同时省掉先行词；③ 把定语从句翻译成独立的句子。

【例4-4】He told the existing problems to the engineer, who told them to the general manager.

译文：他把存在的问题告诉了工程师，工程师又把问题告诉了总经理。

【例4-5】This type of device is called a multimeter, which is used to measure electricity.

译文：这种装置被称为万用表，用来测量电流。

【例4-6】The existing problem in the project was solved successfully, which showed that his suggestion was constructive and worked well.

译文：工程中存在的问题被成功地解决了，这说明他的建议既有建设性，又非常行得通。

2. 合并法（combination）

当含有非限定性定语从句的句式结构复杂时，为了避免译文句子结构松散，在翻译时往往采取合并法，将非限定性定语从句翻译成汉语的“……的”结构，并置于它所修饰的词语前。

【例4-7】He liked to work in the experiment, where there are few people, but he did not like to stay on the worksite, where there were many people.

译文：他喜欢在人少的实验室里工作，不喜欢在人多的工地上待着。

【例4-8】The bridge, which was build 15 years ago, is now being repaired.

译文：15年前修建的那座桥梁，现在正在维修中。

（三）含有状语功能的定语从句的复合句翻译

工程英语中，常常会遇见这样一些定语从句：从语法功能上来看，它们属于定语从句，但是从逻辑关系上来分析，它们又具有状语的功能。在实际翻译中，翻译人员可以根据情况，将这些定语从句翻译成与汉语相对应的表示原因、结果、目的、条件、让步等的状语从句。

1. 将定语从句译成表示原因的状语从句

【例4-9】Research showed that traffic accidents often occur in the mountainous areas, where there are too many sharp turns.

译文：研究表明，山区多发生交通事故，因为山区多急转弯路段。

2. 将定语从句译成表示结果的状语从句

【例 4-10】This new kind of cement, which has been widely used in recent years in the construction of the highways in our country, is much superior to the old type of cement in many aspects.

译文：与旧型水泥相比，这种新型水泥有很多优点，所以近年来被广泛应用于修建高速公路。

3. 将定语从句译成表示目的的状语从句

【例 4-11】We have to replace the old engine of the car with a new one, the speed of which can be greatly raised.

译文：我们必须给这辆车换一台新的引擎，以使其速度能够得到大大的提升。

4. 将定语从句译成表示条件的状语从句

【例 4-12】For any machine whose input and output forces are known, its mechanical advantage can be calculated.

译文：对于任何机器来说，如果知道其输入力和输出力，就能够求出其机械效益。

5. 将定语从句译成表示让步的状语从句

【例 4-13】The newly invented robots, which can do various kinds of work for human beings, cannot replace human beings in all aspects.

译文：新型的机器人尽管能够做各种各样的工作，但是终究不能在各个方面取代人类。

二、含有状语从句的复合句翻译

按照句法功能划分，工程英语状语从句大致可以分为时间状语从句、地点状语从句、原因状语从句、条件状语从句、让步状语从句、目的状语从句、结果状语从句和比较状语从句。在翻译实践中，状语从句的意思相对其他句子成分比较容易理解，但问题在于如何确定其在汉语译文中的恰当位置及句子与句子之间的逻辑关系。

根据多年来工程英语翻译的实践经验，笔者认为，工程英语状语翻译的关键在于处理好两个方面的问题：一是如何分清句子中的主次关系；二是如何把握句与句之间的逻辑关系。

（一）含有时间状语从句的复合句翻译

时间状语从句是工程英语中常见的一种从句，通常用“before，after，when，while，as soon as，once，since，the moment，the minute，the instant”等引导，在翻译时，可以按照下面三种方法处理。

（1）翻译成对应的汉语时间状语从句，有时也可以翻译成汉语的“一……就……”结构。

【例 4-14】Downward seepage of oil ceases when the seepage front reaches the water table.

译文：当下渗的石油前缘一到达地下水面时，下渗便停止。

【例 4-15】He had scarcely handed me the tender when he asked me to type it out.

译文：他一把合同交给我，就叫我赶紧打印出来。

（2）翻译成汉语的并列句。

【例 4-16】The engineer took down the data as he measured the water in the lake.

译文：工程师一边测量湖水，一边记下数据。

（3）翻译成汉语的条件状语从句。

【例 4-17】The technician told the young worker to turn off the switch without delay when anything goes wrong with the new machine.

译文：技术员告诉那名年轻的工人，那台新机器一出现故障，就立即拉下电闸。

（二）含有地点状语从句的复合句翻译

工程英语中的地点状语从句通常用“where”引导，翻译时，可采用下面两种方法。

（1）翻译成对应的汉语地点状语从句。

【例 4–18】Confined aquifers, also known as artesian or pressure aquifers, occur where ground water is confined under pressure greater than atmospheric by overlying, relatively impermeable strata.

译文：承压含水层，也称为自流含水层或压力含水层，出现在由于被地下水，上覆、相对不透水的地层封闭而使所受压力大于大气压的地方。

（2）翻译成汉语的条件状语从句。

【例 4–19】The exported materials are the first choice where the value of the workpieces is very high.

译文：如果零件价值很高，使用这些进口材料是第一选择。

（三）含有原因状语从句的复合句翻译

工程英语中的原因状语从句通常用“as，because，since，now that”引导，翻译时，一般采用下面两种方法。

（1）翻译成对应的汉语原因状语从句，这些汉语状语从句常常含有“因……”“由于……”等引导词。

【例 4–20】As the electrode interval gets larger so the result reflects more the electrical properties of deep-lying layers.

译文：由于供电极距的加大，测得的结果更能反映深层的电性。

（2）翻译成汉语的主语从句，这时原来英语句子中的主语从句转变为汉语的主语从句。

【例 4–21】Since information is continuously sent into the system as it is becomes available, teletext is always kept up-to-date.

译文：新获得的信息资料不断地被输入，所以电传文本总能保持最新信息。

（四）含有条件状语从句的复合句翻译

工程英语中的条件状语从句通常用“if，in case，on condition that，provided that，providing that，suppose，so（as）long as，unless”等引导，翻译时，一般采用下面两种方法。

（1）翻译成对应的汉语状语从句或表示假设的从句。

【例4-22】If they have enough building materials, they can finish the construction of the dam ahead of schedule.

译文：如果他们有足够的建筑材料，那么他们能够提前完成这座水坝的修建。

【例4-23】Granted that there occurs an earthquake again, withdraw the workers from the worksite to the safe place.

译文：假如地震再次发生，请将施工现场的工人疏散到安全的地方。

（2）翻译成汉语的补语从句。

【例4-24】Any trucks with a load of 20 tons will not be permitted to pass the bridge unless the bridge is made even stronger.

译文：任何载重超过20吨的卡车都不准从这座桥梁上通过，除非该桥梁得到进一步的加固。

（五）含有让步状语从句的复合句翻译

工程英语的让步状语从句通常用“though，although，even though，whether，no matter how，as，while”引导，翻译时，一般采用下面两种方法。

（1）翻译成对应的汉语让步状语从句。

【例4-25】Although the working conditions are not as good as they have expected, the workers keep on working without any complaints.

译文：尽管工作条件没有工人们所想象的那么好，但是他们坚持工作，毫无怨言。

（2）翻译成由“不管”“不论”“无论”等引导的汉语无条件句。

【例 4–26】The railway constructors were determined to accomplish the building railway ahead of time no matter what difficulties they would have to face.

译文：铁路工人们决心提前完成这条铁路的修建，不管他们将会遇到什么样的困难。

（六）含有目的状语从句的复合句翻译

在工程英语文本中，“in order that，in case，so that，for fear that”常常用于引导目的状语，翻译时，可译成对应的汉语目的状语从句。其在处理时位置比较灵活，既可以放在主句的前面，也可以放在主句的后面。

【例 4–27】They made a detailed plan for the project so that the project could be finished ahead of time.

译文 1：为了能够提前完成工程，他们制订了一个详细的计划。

译文 2：他们制订了一个详细的计划，以便能够提前完成工程。

（七）含有结果状语从句的复合句翻译

工程英语中的结果状语从句通常用“so，so that，so...that，such... that”等引导，翻译时，一般译成对应的汉语结果状语从句，通常放在主句后面。

【例 4–28】Almost all natural earth materials are somewhat water-soluble, so the mineral content of percolating water increases until a chemical balance of dissolved substances is attained.

译文：几乎所有的自然材料都在一定程度上溶于水，所以渗透水中的矿物质含量会不断增加，直到溶解物质达到化学平衡为止。

【例 4–29】As the chemical composition of the dissolved compounds becomes more complex, so do the ironic contents of the solutions.

译文：因为溶解的化合物的化学成分变得越来越复杂，所以溶液的离子成分也很复杂。

（八）含有比较状语从句的复合句翻译

工程英语中的比较状语从句通常用“as，than，not so...as，as...as”等引导，翻译时，一般译成对应的汉语比较状语从句，通常放在主句的后面。

【例 4-30】The speed of the construction of the dam on the Changjiang River is greater than the experts have expected.

译文：长江上修建大坝的速度比专家们预计的要快得多。

三、含有被动语态的句子翻译

使用被动句，主要是为了强调动作，突出动作的承受者，以及对有关事项进行客观描述、规定等。被动语态多，是工程英语的主要特点之一；汉语中被动语态相对较少，因为汉语中被动语态的标志性词语“被”“遭”“为”“受”“挨”等往往会影响汉语的流畅性。因此，工程英语翻译中，常常将被动语态翻译成汉语的主动语态。笔者认为，工程英语被动语态的翻译，可以总结为以下几种。

（一）将英语的被动语态句翻译成汉语的主动语态句

工程需要对工程项目、工程标书、工程进程等进行客观描述，为了叙述的客观性，措辞严谨、庄重，因而较多地使用被动句。翻译时，通常采用转译法，即将英文的被动语态句转换成汉语的主动语态句。

将英语的被动语态句翻译为汉语的主动语态句，可分为四种情况：① 保留原句的主语；② 将原句的宾语翻译成汉语的主语；③ 译成汉语的“是”字结构；④ 翻译成汉语主动句，并添加一个逻辑主语。

（1）保留原句的主语。

【例 4-31】The experience of oil production engineers is that below a certain degree of saturation oil is held in a relatively mobile state in the pore space.

译文：石油生产工程师们的经验是：石油在低于一定的饱和度时，以相对流动的状态保持在孔隙空间中。

（2）将原句的宾语翻译为主语。

【例 4–32】The engineering world has been greatly changed by this new kind of material.

译文：这种新材料给工程界带来了巨大的变化。

（3）翻译成汉语的“是”字结构。

【例 4–33】The suspense bridge over the valley was built in the 1970s.

译文：峡谷上的那座吊桥是20世纪70年代修建的。

（4）翻译成汉语主动句，并添加一个逻辑主语。

【例 4–34】In order to make explorations of the adjacent planets of the sun, more and more rockets have been launched in the past few years.

译文：为了探测靠近地球的太阳系行星，人类在过去的几年时间里发射了越来越多的火箭。

（二）将英语的被动语态句翻译成汉语的无主句

在翻译英语被动语态句时，如果无法确定动作的执行者，不妨将英语的被动语态句翻译成汉语的无主句。

【例 4–35】Best surface finish is provided by machining methods, especially by grinding.

译文：用机械加工方法，特别是抹削方法，可以获得最佳表面光洁度。

【例 4–36】New kinds of energy must be found to replace the traditional ones, otherwise our civilization will be in danger.

译文：必须找到新的能源来替代传统的能源，否则，我们的文明将处于危险境地。

（三）翻译成对应的汉语被动语态句

英语中被动语态句的出现频率要多于汉语中被动语态句的出现频率，

其中有些能够处理成对应的汉语被动语态句，一般可以采用下面两种方法进行翻译。

（1）翻译成汉语的“被……”或“给……”句式。

【例 4-37】More and more experts were sent to the worksite of the Three-Gorge Dam to settle the newly-appeared problems.

译文：越来越多的专家被派往三峡大坝工地，去处理新出现的一些问题。

（2）翻译成汉语的“遭……”或“受……”句式。

【例 4-38】The local people plan to build a dam on the river so that the villages along the river will not be damaged by the floods every summer.

译文：当地人计划在这条河上修建一座大坝，这样每年夏天沿河的村庄就不会再遭受水灾了。

（四）翻译成汉语的“为……所……”句式

【例 4-39】The conduct of cutting down all the trees on the slope of the mountain will be condemned by the people with environmental sense.

译文：这种将山坡上的树木全部砍伐的行为，将会被有环保意识的人们所谴责。

（五）翻译成汉语的其他句式

工程英语中的被动语态句，并不是完全按照上面的方法进行翻译就可以，有时需要调整句子结构或者表达方式，才能翻译出通顺的汉语句子。

【例 4-40】They are now building a highway to the remote village which is populated by more than 12,000 people.

译文：他们正在修建一条通往那个居住着 12000 人的偏远村庄的公路。

【例 4-41】The news that the tunnel through the Qinling mountains was completed three months ahead of time was passed on by word of mouth.

译文：穿越秦岭的隧道提前3个月完工的消息不胫而走。

第三节　工程英语长句翻译技巧

工程英语篇章中，为了明确陈述有关事物的内在特征和相互联系，常采用包含许多从句的复合句或包含许多附加成分（如定语、状语、主语补足语、宾语补足语等）的简单句。这些句子的主要特点是句子长、结构复杂。因此，长句是工程英语翻译中的一个难点。

一、工程英语长句的特征

工程文献讲究严谨的推理和准确的表达，因此句中常有许多修饰、限定和补充说明的成分，从而使句子表达更清晰、准确，所以必然使用长句。长句的特点是从句和短语多、语序颠倒、结构复杂。

（一）从句和短语多

对于含有从句和短语的长句，应首先确定句子的主要结构，即主语和谓语动词，然后逐一确定每一个短语和从句所修饰的内容。

【例4-42】With the advent of the space shuttle, it will be possible to put an orbiting solar power plant in stationary orbit 24,000 miles from the earth that would collect solar energy almost continuously and convert this energy either directly to electricity via photovoltaic cells or indirectly with flat plate or focused collectors that would boil a carrying medium to produce steam that would drive a turbine that then in turn would generate electricity.

例4-42中，句子的主句是“it will be possible to put an orbiting solar power plant in stationary orbit 24,000 miles from the earth”，句中“with the advent of the space shuttle”为方式状语。主句中的“solar power plant”带有一个距离较远的定语从句，该定语从句包含两个并列的谓语——

“collect”和“convert”，其中“convert”由两个较长的副词短语修饰。此外，该定语从句中又包含另外三个定语从句。这四个定语从句均由“that”引出，环环相套。分析至此，可以看出，该长句虽然从句和短语多，但关系清楚、逻辑性强。

译文：随着航天飞机的出现，将有可能在距地球24,000英里的静止轨道上放置一个轨道太阳能发电厂，该发电厂可以连续收集太阳能，并通过光伏电池直接将太阳能转化为电能，或者通过平板或聚焦收集器间接地转化为电能。这些收集器将煮沸运载介质，产生蒸汽，驱动涡轮机，然后涡轮机就可以发电了。

（二）语序颠倒

工程英语中，有些长句不仅使用从句，而且语序颠倒，难以理解。

【例4-43】Closely linked with the increased use of computers is the increased use of machines instead of manpower to do the jobs which can be most easily done by machines.

例4-43中的长句有从句且语序颠倒，应先找出主干，恢复其正常语序。该句主语是“the increased use of machines”，谓语动词是“is linked”，正常语序应是“the increased use of machines is... linked with the increased use of computers”；不定式短语“to do the jobs”作为后置定语来修饰主语；“the jobs”被后面的“which”从句修饰、补充。

译文：与计算机使用量的增加密切相关的是机器使用量的增加，而不是人力来完成机器最容易完成的工作。

【例4-44】Many river-crossing shield tunnels have been built, resulting in numerous structural waterproofing measures including multichannel technology (consisting of segment automatic waterproofing, coating the segment with external waterproofing), joint waterproofing, grouting hole and bolt hole waterproofing, backfill grouting, and shield tail paste-filling waterproofing.

译文：多条越江盾构隧道建成后，采取了多种结构防水措施，包括管片自动防水、管片外防水、接缝防水、灌浆孔和锚孔防水、回填灌浆、盾尾灌浆防水等技术。

（三）结构复杂

对于结构复杂的句子，首先应找出句子的主干脉络，厘清从句与主句之间的关系，这样对句子的理解就变得相对容易了。

【例4-45】Areas like automation, process and manufacturing technologies, medical engineering, environmental control, consumer and communication technologies, transportation and aerospace technologies are some of the main businesses where microsystems have become an essential part in the development of high technological products.

分析例4-45的长句时，首先根据语法找出句子的主语“areas”；谓语动词是be动词“are”；“where microsystems ... products”是定语从句，用来修饰“the main businesses”。因此，这句话可理解为：In automation, process and manufacturing technologies, medical engineering, environmental control, communication technologies, transportation and aerospace technologies, microsystems were important in developing high technological products.

译文：自动化、工艺和制造技术、医疗工程、环境控制、通信技术、运输和航天技术等领域，是微系统已成为高科技产品开发的重要组成部分的一些主要业务领域。

二、长句翻译策略与技巧

长句翻译作为工程英语翻译中的难点，需要通过采用一定的翻译策略和技巧去满足目的语读者的理解需求。

（一）长句翻译策略

长句翻译的策略主要有以下三个方面。

（1）通过阅读分析主从结构，辨清句子成分，完全理解全句的大意。

【例4-46】If a vehicle were to be loaded to a height whereby the load hit a bridge on the route being used, the operator could be accused under these regulations of using vehicle on a road for a purpose for which it was so unsuitable as to cause, or to be likely to cause, danger.

【注解】例4-46是一个结构为“If+主语+were to+动词原形，主语+could+动词原形……”的假设条件句，表示与将来事实可能相反的假设。句中，“whereby”意为“从而，因此”，在英语条件从句中引导结果状语从句；“for purpose”意为“以便，为了”；“so ... as to”意为“如此……以至于……”。

译文：如果一辆车装载到一个高度而撞击到所行驶的道路上的桥梁，驾驶员可能会被依照在道路上使用车辆的规定而受到指控：在道路上使用车辆如此不恰当，以至于引起或可能引起危险。

（2）分析长句中各分句之间的逻辑关系，明了各分句的确切含义。

【例4-47】Although much of a car can be recycled and is being recycled, the increasing use of—usually unrecyclable—plastics is a growing problem,and the disposal of used lubricants, tyres, batteries, etc, also cause concern.

【注解】例4-47是一个含有一个以“although”引导的让步状语从句的并列复合句，其中“although”引导的是一个让步状语，意思是“尽管汽车的大部分可以重复利用并且正在重复利用”。“the increasing use of—usually unrecyclable—plastics is a growing problem”是第一个并列主句，意思是“但是通常不可循环使用的塑料用量的不断增加是一个越来越严重的问题”；“the disposal of used lubricants, tyres, batteries, etc, also cause concem”是第二个并列主句，“and”是并列连词，该主句的意思是“而且对使用过的润滑材料、旧轮胎、旧电池的处理也引起了人们的关注”。

译文：尽管汽车的大部分可以重复利用并且正在重复利用，但是通常不可循环使用的塑料用量的不断增加是一个越来越严重的问题；而且对使用过的润滑材料、旧轮胎、旧电池的处理也引起了人们的关注。

（3）翻译出各个分句的意思，然后按照汉语的表达方法将各个分句进行重新组合，最后对译文进行进一步的改进，确保译文既忠实原文，又通顺流畅。

【例4-48】Forged steel crowns and cast iron skirts have been combined in pistons for large engines, to obtain the strength and heat resistance of steel in the upper section, where these properties are important, and the good properties of cast iron in the lower section, where the wearing piston bears against the cylinder.

【注解】例4-48是一个含有两个由“where”引导的限制性定语从句的复合句，这两个定语从句分别置于词组“the upper section”和“the lower section”之后，起修饰限定作用。其中，第一个定语从句“where these properties are important”的意思是“这些重要的特性”；第二个定语从句“where the wearing piston bears against the cylinder”的意思是“紧靠汽缸的具有耐磨特性的活塞”。在翻译为汉语时，要将这两个定语从句进行前置，以符合汉语的表达方式。

译文：锻钢顶和铸铁裙组合而成的活塞被用在大型发动机中，以便在活塞上部获得钢的强度和耐热性这些重要特性，而在紧靠汽缸的活塞下部获得铸铁的良好耐磨特性。

（二）长句翻译技巧

工程英语的句式特点是结构严谨，用一句话可以表达几层意思，而且习惯将重要信息前置，后面接一些含有次要信息的补充说明性的句子；汉语的习惯是一层含义就用一个简单小句来表达，常常将重点内容放在句末。因此，翻译时，要根据汉语的习惯，将复杂的长句切分成多个成分，翻译成多个小句。

翻译长句时要注意四点：① 弄清句子的逻辑关系；② 根据上下文和全句内容领会句子要义；③ 辨别该长句的主从结构，切分句子的内容；④ 分清上下层次及前后联系，然后根据汉语的特点、习惯和表达方式进行翻译。

工程英语长句的翻译有一定的技巧可循，在日常翻译教学和翻译实践中，笔者总结归纳出了下面八种翻译技巧。

1. 顺译法

顺译法就是不打乱原文的顺序，基本按照英语原文的语序翻译。

【例4-49】The aim of the present lecture is to introducethe framework for risk assessment in civilengineering and to provide a palette oftechniques facilitating the various steps of risk assessment.

【注解】首先分析例4-49句子的语法，主语是“the aim”，谓语动词是“is to do and to do”。这个句子虽然较长，但结构清晰，其语序与汉语基本一致，故可以按照原句顺序翻译。

译文：本章的目的在于介绍土木工程风险评估的框架，并提供一系列有助于风险评估各个步骤的技术。

【例4-50】The application of numerical methods such as finite element and finite difference is a useful supplement to highway tunnel engineering, particularly in system design that must consider the surrounding rock and its support in the overall model.

译文：有限元和有限差分等数值方法的应用，是对公路隧道工程的有益补充，尤其是在整体模型中必须考虑围岩及其支护的系统设计。

【例4-51】The problem to be tackled in this study is as follows:

Given a set of roads constituting a cordon line around the central business district (CBD) or across a screen line, how much toll or subsidy should be assigned to each road?

译文：研究中要解决的问题如下：假设有一组警戒线围绕着中央商务区（CBD）或穿过核查线，每条道路应分配多少通行费或补贴？

【例4-52】A recent study shows that the avoidable cost of congestion for the Australian capital cities is estimated to be around AUD16.5 billion for the 2015 financial year, which is a significant increase from about AUD12.8 billion for 2010.

译文：最近的一项研究表明，2015财年，澳大利亚首都城市可避免的交通拥堵成本估计约为165亿澳元，较2010年的约128亿澳元大幅增加。这种费用增加似乎没有上限。

【例4-53】As the result, the question now is what is the actual cost of using a road, so that if it is charged as a toll the congestion would disappear? The pioneers on this idea are Walters, Beckman and Vickery, and the following excerpt summarizes their take on the matter.

译文：结果，现在的问题是使用道路的实际成本是多少，如果将其作为通行费收费，拥堵将消失吗？这个想法的开创者是沃尔特斯、贝克曼和维克瑞，以下摘录总结了他们对此的看法。

【例4-54】One answer to the equity issue raised in the above typical complaint can be set out as follows: The authorities would issue a limited number of cordon-passing credits, at a reasonable price, to the people working or living in the CBD.

译文：针对上述投诉中提出的公平性问题，给出以下答案：政府可以敲定一个合理的价格，向在中央商务区工作或居住的公民发放一定数量的过线信用证。

【例4-55】There are also a number of other advantages associated with such schemes: (1) The equity and acceptability features are highly upheld; (2) It would strongly rally the public behind the scheme since it cannot be considered as a different form of taxation; (3) The scheme can be used to promote the public transport mode; (4) Districts in the vicinity of subsidized roads are expected to receive added values which can be then exploited by zoning authorities in the land-use planning initiatives (a practice called value capture).

译文：这种新方案还具有许多其他优点：(1) 高度重视公平性和可接受性；(2) 因为不用收税，故而能够鼓动群众购买；(3) 该方案可用于推广公共交通；(4) 有望推动补贴道路周边地区增值，分区政府可以将此运用于土地使用规划方案中（这种做法被称为“价值获取”）。

【例 4–56】Although finding the locations of the tolled roads can also be cast in a mathematical programing framework, past experiences have shown that it is usually a decision to be made by the authorities considering many technical, societal as well as political factors.

译文：尽管可以在数学编程框架中查找收费公路的位置，但经验表明，政府需要考虑到许多技术、社会因素和政治因素后才能做出决定。

【例 4–57】The TSS pricing problem is articulated as follows: Given a set of roads with capped traffic volumes to be either tolled or subsidized, which one must be tolled, which one must be subsidized and how much?

译文：通行费和补贴方案的定价问题如下：假设对一组有交通量上限的道路进行收费或补贴，哪一条路进行收费？哪一条路进行补贴？收费多少？补贴多少？

2. 逆译法

英语和汉语两种语言在表达习惯上差异很大：英语中状语大多后置，定语可前置，也可后置；汉语中状语和定语常常前置。因此，翻译时，需要用颠倒和转换等方法，通过部分或完全改变语序进行翻译。

【例 4–58】Hence, if by risk also all gains are considered,i.e. not only all possible events associated withnegative consequences but also all possibleevents associated with positive consequences,then the evaluated risk may be used directly asa benefit function on the basis of which adecision analysis may be performed.

【注解】例 4–58 中长句末尾为“may be performed”，如果按照英语原文的顺序翻译，就会显得头重脚轻，且不符合汉语的表达习惯，因此，翻译时，需要改变部分语序。

译文：因此，一旦所有的风险都被考虑到，即不仅是所有跟消极影响相关的可能事件，还包括所有跟积极影响有关的可能事件，那么，在执行决策分析的基础上，可以直接利用所评估的风险来发挥其效益功能。

【例4-59】Key technologies for depositing, floating, and sinking large tube tunnel sections in deep water, such as the applicability and accuracy of sonar and GPS methods to position and survey the immersed tube tunnel sections in deep water conditions, need to be tested and proven.

译文：在深水中沉降、漂浮和沉放大型管道隧道断面的关键技术，如用声呐和GPS方法在深水条件下定位和测量沉管隧道断面的适用性和准确性，需要进行测试和证明。

【例4-60】Technical challenges have included face stability with a large-diameter slurry balance shield, fluid-solid coupling during the shield tunneling, structure buoyancy and control measures, consecutive tunneling of long distances, large-diameter slurry shield machine cutter change technology, and shield starting and ending control.

译文：技术挑战包括大直径泥浆平衡盾构的工作面稳定性、盾构掘进过程中的流固耦合、结构浮力和控制措施、长距离连续掘进、大直径泥浆盾构换刀技术，以及盾构的起止控制。

【例4-61】These include the impacts of earthquakes, fire, and rainstorm disaster, complex geological conditions such as high geo stress and active faults, cold and high altitude, and water-rich regions, as well as ecological preservation and energy conservation issues. All these factors will present new technical and strategic challenges in China.

译文：这些问题包括地震、火灾和暴雨灾害的影响，高地应力和活动断层等复杂地质条件，寒冷和高海拔问题，水资源满溢问题，以及生态保护和节能问题。所有这些因素都将给中国带来新的技术和战略挑战。

【例4-62】Many Chinese tunnel engineers have applied NTM principles in research on construction technology and supporting materials with high strength and toughness, with an aim to solve engineering problems in the application of the NTM under Chinese conditions.

译文：许多中国隧道工程师将挪威隧道法原理应用于高强度和韧性施工技术与支护材料的研究，旨在解决中国实际条件下挪威隧道法应用中的工程问题。

【例 4-63】The growth of basic theory supports innovation in highway tunnel design theory and method, and the initial classical design method, the load-structure theory (granular pressure theory), and the continuum theory based on the interaction of surrounding rock and structure are products and extensions of previous research.

译文：基础理论的发展支持了公路隧道设计理论和方法的创新，初步的经典设计方法、荷载-结构理论（颗粒压力理论），以及基于围岩与结构相互作用的连续体理论，都是前人研究的产物和延伸。

【例 4-64】The primary aim of this research is to bring down traffic volume below a certain target values for a certain roads (it is a regular practice in traffic control in which—based on historical traffic county—traffic authorities know what are desirable traffic loads specially during peak hours heading to or off the down towns).

译文：这项研究的主要目的是将某些道路的交通量降低到某个目标值以下（按照其他州以前的做法，这是交通管制中的常规做法，交通管理部门明白上下班高峰时段的交通负荷理想状态是怎样的）。

3. 内嵌法

内嵌法即翻译时将句子中的词、短语、从句等修饰语置于被修饰语之前，这样在英语中后置的修饰语就被嵌入汉语句子中的被修饰语之前。这和英语句子中的修饰语不同：英语中，如果修饰语比较长，往往被置于它所修饰的词语后面；汉语中，不管修饰语有多长，都被置于它所修饰的词语前面。这种前置的嵌入修饰语可以使汉语的译文紧凑、连贯，工程英语中的定语从句和同位语从句常常采取这种方法进行翻译。

【例 4-65】Information technology is a high-technology which is developed on the basis of microelectronics, computer and modem communication technology, with the functions of information collection, transmission, procession and service.

【注解】例4-65中长句含有一个由“which”引导的定语从句，在翻译成汉语时，可以将英语中的后置定语从句置于它所修饰的词语前面。

译文：信息技术是在微电子、计算机和现代通信技术基础上发展起来的一门高科技技术，具有信息采集、传输、处理和服务等一系列功能。

4. 切分法

在翻译工程英语长句中，有时候由于修饰语过长而无法置于被修饰语之前，这时只有采取切分法来进行处理。所谓切分法，就是将英语句子切分成若干段，然后将它们分别翻译成汉语的方法。

【例4-66】The liquid that is derived from this process is known as leachate, which contains large numbers of inorganic contaminants and that the total dissolved solids can be very high.

【注解】例4-66是一个含有三个从句的长句，其中“that”和“which”分别引导两个定语从句，“and that”引导一个状语从句。翻译时，为了避免句子过长，可以采取切分法进行翻译。

译文：该过程产生的液体被称为淋滤液。由于这种液体中含有大量的无机污染物，因此它所含的溶解固形物总量可能很高。

5. 倒置法

倒置法就是在翻译工程英语长句时，将英文的句子结构进行调整，以适合汉语句子的表达方法。有时候前置修饰语可能被放在句后，后置修饰语可能被放在句首。

【例4-67】We were all entrusted by the fact that scientific methods and management can lead to high-qualified project.

【注解】例4-67中长句含有一个同位语从句，翻译时，可以将主句放在同位语从句后。

译文：采用科学的方法和管理，才能建成高质量的工程，大家都坚信这一事实。

6. 拆分法

拆分法多用于翻译工程英语资料中出现的长难句，它通过句法分析句子成分，然后将各成分从长句中剥离出来进行单独翻译。这种方法通常在内嵌法和切分法无法翻译某些英语长句时使用。

【例4-68】The problem of water quality degradation of rivers and lakes in our country has been evident for a long time, but so far no steps have been surprisingly taken to solve this problem.

【注解】例4-68是一个较长的并列句，翻译时，可以将“surprisingly”从句子中抽出来进行单独翻译。

译文：虽然长期以来我国河湖水质下降问题已经很明显，令人惊讶的是，至今还没有采取任何措施来解决这一问题。

【例4-69】The mountain area, which was once neglected by the local people, now has attracted more and more people to settle down since the gold mine was built last year.

【注解】例4-69是一个含有定语从句和时间状语从句的复合句，翻译时，可以将“which was once neglected by the local people”从句子中抽出来进行单独翻译。

译文：这个山区自去年建了金矿以来，已经吸引了越来越多的人来这里定居，而从前却被当地人所忽视。

【例4-70】Pure science has been subdivided into the physical science, which deals with the facts and relations of the physical world, and the biological sciences, which investigate the history and workings of life on this planet.

【注解】若顺译例4-70中的长句，会显得层次混乱、意思不明确；如果用切分法翻译，则意思清楚，且符合汉语用语习惯。

译文：理论科学分为自然科学和生物科学。前者研究自然界的各种事物和相互关系；后者则讨论地球上生物的发展历史和活动。

7. 插入法

插入法和它的字面意思一样，就是在翻译工程英语长句时，为增强目的语的可读性，增加一些诸如破折号、括号、逗号等标点符号，使句子更加清晰、流畅。

【例 4-71】If you go to the construction site of Three-Gorge Dame and drive in the Gorge along which there are many beautiful places, you will be deeply expressed by the green mountains, the pine-tree-covered cliffs and the cries of the monkeys.

【注解】例4-71中长句是一个含有一个由“if”条件状语从句和一个由“which”引导的定语从句构成的长句。翻译时，可以插入两个破折号来辅助文字的表达。

译文：如果你驱车前往三峡大坝工地——在那个大峡谷里，有很多美丽的地方——你会被那里翠绿的山峦、松树覆盖的峭壁及猿猴的啼叫声深深地打动。

8. 重组法

重组法又称复合法（synthesis），是工程英语长句翻译中最难掌握的一种翻译方法。这种方法通常在以上七种方法无法翻译工程英语长句时使用。重组法就是在翻译结构非常复杂的工程英语长句时，翻译人员首先厘清长句的准确意思，然后灵活地进行翻译，且翻译时可以不考虑原来英语句子的结构。

【例 4-72】Computer language may range from detailed low level close to that immediately understood by the particular computer, to the sophisticated high level which can be rendered automatically acceptable to a wide range of computers.

【注解】例4-72中长句是一个含有一个由“which”引导的定语从句及由“to”引导的两个并列结构的长句。翻译时，可以采用重组的方法，对句子结构进行组合。

译文：计算机语言有低级的，也有高级的。前者比较烦琐，很接近特定计算机直接能懂的语言；后者比较复杂，适合范围广，能自动为多种计算机所接受。

工程英语翻译是一种技术含量相对简单的科技翻译，在充分了解工程英语的特点的基础上，再掌握以上翻译方法，应该能满足一般的翻译要求。同时，翻译人员也应该加强平时自身的学习，积累翻译经验，扩展知识面；在学习英语的同时，不能忽视中文表达能力的提高，即便英语水平再高，如果无法准确用中文表达出来，也无法成为一名合格的工程英语翻译人员。

第四节　工程英语名词化结构翻译技巧

工程英语文体有简洁、客观、正式、严谨等特点。随着我国与其他国家的工程交流日益增加，工程英语作为交流的工具，越来越受到人们的重视。

一、名词化结构的特点

“名词化”在《朗文语言教学与应用语言学词典》中的定义为：把其他词性的词，一般动词或形容词，变成名词的语法过程。刘宓庆在《文体与翻译》中指出：“科技英语在词法方面的显著特点是名词化。”接下来以下面两段话为例进行分析。

【例 4-73】We need our forest because plants can turn carbon dioxide into oxygen and if we didn't have oxygen we would die. People are worried that if the rainforest in Brazil is cut down the earth will not have enough oxygen to keep humans and animals alive.

译文：我们需要森林，因为植物可以将二氧化碳转化为氧气；如果没有氧气，我们就会死亡。人们担心，如果巴西的雨林被砍伐，地球将没有足够的氧气来维持人类和动物的生存。

【例4–74】Our reliance on forest vegetation for its life-sustaining capacity to generate oxygen through photosynthesis had led to concern that the destruction of Brazilian rainforest will result in depleted supplies of oxygen.

译文：对森林植被通过光合作用产生氧气而维持生命力的能力的依赖，导致人们担心巴西雨林的破坏将导致氧气供应的枯竭。

根据工程英语的文体特征可以看出，例4–73中的内容是普通日常英语，例4–74中的内容是科技英语。其中，例4–74中有6处名词化结构：① 首先是谓语动词“need”转化为名词“reliance”；② 原因状语从句中的“can turn”转化为“capacity to generate”；③ 将“we would die”变成“life-sustaining capacity”；④ 把“are worried”变为“concern”；⑤ 将“cut down”转化为名词“destruction”；⑥ 把“will not have enough”处理成例4–74末尾的“depleted supplies of oxygen”。

对比例4–73和例4–74，不难发现，大量使用名词化结构以后，例4–74的表达更简洁、紧凑、客观、抽象。工程文献注重以非个人的方式来阐明自然现象、事实、属性、特征等，因此要求文体简洁、表达客观、内容确切、强调存在的事实。而使用名词化结构的优点正是叙述客观，强调动作的客体而不是动作本身，并能够用来代替同位语从句等较长的句子结构，从而使文章简洁、紧凑。

二、名词化结构的组成

要准确理解工程文献，就要把握句子的结构和中心信息，因此，准确理解名词化结构显得尤为重要。名词化结构主要有以下三种组成形式。

（一）单纯名词化结构

单纯名词化结构是指由一个或多个名词修饰一个中心名词构成的名词化结构。对于该类名词化结构，首先要确定中心名词，然后确定其他修饰名词与中心名词之间的关系。

【例4-75】laser noise amplitude modulation

【注解】此结构的中心名词是“modulation”，“laser”作为方式修饰“noise amplitude”，该结构等于“modulation of noise amplitude by means of a laser”。

译文：激光噪声调幅

（二）复合名词化结构

复合名词化结构由一个中心名词和形容词、名词、副词、分词及介词短语等多个前置或后置修饰语构成。对于该类结构，要先确定中心名词，然后判断修饰语之间及中心名词之间的逻辑关系。意义越具体、与中心名词关系越紧密的修饰词，离中心名词越近。

【例4-76】acoustic gravity oscillations

译文：声重力振荡

（三）由动词派生的名词化结构

由动词派生的句词化结构是由实义动词派生的名词搭配介词短语构成的。

【例4-77】The deployment of 911 across cellular networks is being addressed in three steps.

【注解】句中用名词“deployment”来代替动词“deploy”，从而使文章更为正式、客观。

译文：在蜂窝网中布设911系统，可以分为3个阶段来进行。

【例4-78】Dr. Almaraz had assisted in the removal of a lymph node from a patient infected with AIDS.

【注解】该句中用名词“removal”取代动词“remove”，表达客观发生的事实。

译文：阿尔马拉兹医生曾协助给一位艾滋病人切除淋巴结的手术。

三、名词化结构的翻译

工程文献包含大量概念性、逻辑性的词汇和表达方式，因此名词化结构在科技英语中的使用非常广泛。在翻译该结构时，不能逐字逐句地翻译，而应对名词化结构进行解构，在理解其内在语义关系的前提下，再进行翻译，以避免错译。英、汉两种语言具有不同特征，正如连淑能在《英汉对比研究》中所说："英语倾向于多用名词，因而叙述呈静态；汉语倾向于多用动词，因而叙述呈动态。"因此，翻译时，应根据中文的行文习惯，将名词化结构转化为不同的成分进行翻译。

（一）将名词化结构译成动词

许多名词化结构是由实义动词派生的名词作为中心名词并搭配介词短语构成的，翻译时，可以根据汉语习惯还原成动词来译。

【例 4-79】Introduced by Thomas Schelling in *The Strategy of Conflict*, brinkmanship "is the tactic of deliberately letting the situation get somewhat out of hand, just because its being out of hand may be intolerable to the other party and force his accommodation."

【注解】例4-79中，根据汉语表达习惯，将"out of hand"译为动词结构"无法控制"；将句末的"force his accommodation"译为"迫使对手做出妥协"，添加了动词"做出"，使汉语表达更地道，意思更清楚。

译文：托马斯·谢林在《冲突策略》中指出："边缘化策略就是故意使局势变得无法控制。正是由于局势的无法收拾可能令其他对手难以接受，从而迫使对手做出妥协。"

【例 4-80】All substances will permit the passage of some electric current, provided the potential difference is high enough.

【注解】翻译例4-80时，应把英语句子中的名词"passage"译成汉语的动词"通过"。

译文：只要有足够的电位差，电流便可通过任何物体。

（二）将名词化结构译为动宾关系

对于许多复合名词性词组，可以使用将名词化结构译为动宾关系的翻译方法。

【例 4-81】As a small-scale illustration of the artificial modification of physical weather processes, take the frost prevention in an orchard.

【注解】英语句子中的名词化结构“the artificial modification of physical weather processes”中，“physical weather processes”是中心名词“the artificial modification”的修饰词。根据汉语呈动态的语言特征，可把该名词化结构译为动宾结构“对天气的物理过程进行人工影响”。

译文：我们可将在果园中采取防霜措施，作为说明对天气的物理过程进行小尺度人工影响的例子。

（三）将名词化结构译为独立的从句

将名词化结构译为独立的从句的翻译方法，可以在名词化结构较长且较复杂的情况下使用。

【例 4-82】The slightly porous nature of the surface of the oxide film allows it to be colored with either organic or inorganic dyes.

【注解】该句中的名词化结构“the slightly porous nature of the surface of the oxide film”是一个比较复杂的结构，因此可翻译为一个独立的从句“氧化膜表面具有轻微的渗透性”，与主句构成因果关系。

译文：氧化膜表面具有轻微的渗透性，因此可以用有机或无机燃料着色。

【例 4-83】The position was completely reversed by Haber's development of the utilization of nitrogen from the air.

【注解】翻译该句中的名词化结构“Haber's development of the utilization of nitrogen from the air”时，可将其放到句首作原因状语从句（由于哈勃发明了利用空气中的氮气的方法），使目的语的表达符合汉语用语习惯。

译文：由于哈勃发明了利用空气中的氮气的方法，这种局面就完全改观了。

大量使用名词化结构是工程文献的重要特征，在工程英语中起着重要作用。工程英语具有语言表达精练、正式、严谨和客观的特点，名词化结构叙述客观，能代替同位语从句等较长的句子结构，使文体更简洁紧凑、正式客观。翻译名词化结构时，不能逐字逐句地直译，应明确英语倾向于用名词、汉语多用动词的特征，从而将名词化结构转化成符合汉语表达习惯的成分。

第五章

工程专业学术论文英文标题、摘要、关键词的特点及翻译

工程专业学术论文英文标题、摘要、关键词的翻译是工程专业研究人员及攻读学位的本科生、研究生经常遇到的问题。正确理解和翻译工程专业学术论文的英文标题、摘要、关键词，对理解国内外工程专业学术论文中的新理论、新观点、新方法有着至关重要的作用。本章以国内外知名大学学报的自然科学版为材料来源，分别介绍工程专业学术论文英文标题、摘要、关键词的特点和翻译技巧，以期能够帮助工程专业的科研人员和广大师生准确理解和翻译学术论文英文标题、摘要、关键词。

第一节　工程专业学术论文英文标题的特点及翻译

工程专业学术论文英文标题是概括全文内容的一种特有结构。学术论文英文标题有一些特定的特点，掌握这些特点能够确保学术论文英文标题的翻译达到忠实、通顺、得体的效果，能使读者对论文的内容有一个快速、准确的把握。

一、工程专业学术论文英文标题概述

工程专业学术论文的英文标题力求以简明扼要且最恰当的学术语言表达该论文特定内容的逻辑组合。英文标题用词还必须考虑如何有助于

选定关键词、编制题录和为索引提供特定实用信息等问题。

工程专业学术论文的英文标题应避免使用不常见的缩略词、首字母缩写词、字符、代号和公式等。用作国际交流或在国外学术期刊上公开发表的工程专业学术论文必须有英文标题，值得注意的是，该英文标题一般不宜超过10个实词（汉语标题一般不宜超过20个字）。英文标题中的大小写问题，是中国工程专业研究人员和学生经常遇到的一个棘手问题。一般说来，英文标题中的实词首字母采用大写形式，虚词（定冠词、不定冠词、介词）在标题中首字母不大写，但是如果这些虚词为标题的第一个单词，那么其首字母必须采用大写形式。如果标题中的实词是复合词（如“Plentiful-Scanty”），那么复合词中每一个实词的首字母必须采用大写形式。但是，近年来，从国内外一些工程专业期刊中可以发现，题目开始不过于强调大写问题，只是把标题第一个单词的首字母大写。

英文标题前面是否使用定冠词“a，an”或不定冠词“the”，要视情况而定。近年来，国外一些主要学术期刊上的英文标题一般都省去了定冠词“a，an”和不定冠词“the”，这符合英语重视实义词等拥有信息含量词的特点，也使得英文标题更加精练。

有下列情况出现的论文可以有副标题：① 标题语义未尽，用副标题补充说明论文中的特定内容；② 副标题区别其特定内容；③ 其他有必要用副标题作为引申或说明的内容。

二、工程专业学术论文英文标题的特点

工程专业学术论文英文标题一般由介词短语、名词结构、动名词结构、句子等表示。下面笔者就工程专业学术论文英文题目的特点进行归纳总结。

（一）以介词短语为标题

介词短语学术论文标题的特点是言简意赅、一目了然，其中最常见

的是以“on”开头的介词短语。例如：

（1）On Characteristics of Ore-Forming Fluid and Chronology in the Yindu Ag-Pb-Zn Polymetallic Ore Deposit, Inner Mongolia

（2）On Hazard Zonation of Debris Flows Based on GIS in Xiuyan County, Liaoning Province

（3）On the Distribution of Upper Air Aerosols and the Transport of Dust over East Asia

（4）On Geology and Geophysics on Structural Units of Hulin Basin in Heilongjiang Province

（5）On Appraisal Software for Surrounding Rock Mass Stability of Highway Tunnel

（6）On Three-Dimension Scene Modeling Technology of Three DVR Platform for Shearer

（7）On Influencing Factors of Sedimentation Characteristics of Coal Slime Water

（8）On Sedimentary Characteristics and Sedimentary Model of Xishanyao Formation in Shanle Oilfield

（9）On Evaluation of Integrated Management for Expressway Construction Projects

（10）On Deformation Characteristics and Constitutive Modeling of Granular Soils during Cyclic Loading with Spherical Stresses

上述英文标题也可以根据论文内容的需要，在on介词短语前面加上相应的名词（单数或复数），使论文标题的含义更加明了，这些名词主要有study，research，comment，diagnosis，experiment，investigation，observation，summary，survey等。例如，“On Characteristics of Ore-Forming Fluid and Chronology in the Yindu Ag-Pb-Zn Poly-metallic Ore Deposit，Inner Mongolia”就可以扩展为“Study on Characteristics of Ore-Forming Fluid and Chronology in the Yindu Ag-Pb-Zn Polymetallic Ore Deposit，Inner Mongolia”。有时候还可以在名词前面加上一定的修饰语来限定研究的方法，

这样上面的标题就可以进一步扩展为“Experimental Study on Characteristics of Ore-Forming Fluid and Chronology in the Yindu Ag-Pb-Zn Polymetallic Ore Deposit，Inner Mongolia”。

（二）以名词结构为英文标题

名词结构是工程专业学术论文中最常见的英文标题表达方式，这种名词结构常常由“名词+介词短语”组成，其最大的特点是结构严谨、承载信息量大，可以使论文标题具有很强的概括性。“名词+介词短语”结构常见的搭配如下：

（1）analysis of

（2）application of

（3）approach of

（4）assessment at/of

（5）calculation of

（6）characteristics of

（7）characterization of

（8）classification of

（9）comparison between...and...

（10）computation of

（11）control of/on

（12）detection for/of

（13）determination of

（14）development of

（15）diagnosis of/on

（16）discovery of

（17）discussion on

（18）distribution of

（19）diversity of

（20）effect of...on...

(21) evaluation of/for

(22) evolution of

(23) experiment of/on

(24) exploration of

(25) features of

(26) formation of

(27) genesis of

(28) identification of

(29) impact of...on...

(30) influence of...on...

(31) innovation of

(32) investigation of/on

(33) management of

(34) measure for

(35) method for/of

(36) mechanism of

(37) perspective of

(38) practice of

(39) prediction of

(40) preparation of

(41) progress of/in

(42) prospect of

(43) recovery of

(44) relationship between...and...

(45) research of/on

(46) response of

(47) review of/on

(48) selection of

(49) simulation of/on

（50）structure of

（51）study of/on

（52）survey of/on

（53）synthesis of

（54）test of/on

（55）theory of

（56）treatment of

当然，可以用作工程专业学术论文英文标题的名词结构不仅仅是上面列举的这些，在实际运用中，还有更多的名词结构可被用在标题中。因此，在平时的学习中，翻译人员要不断积累英文标题的表达方式和含义，以备翻译时使用。

（三）以动名词结构为英文标题

动名词结构是工程专业学术论文中较为常见的英文标题表达方式，这种动名词结构常常由“动名词+名词结构”和“动名词+介词结构”组成，其最大的特点是概括性强、强调动态，多以试验性研究报告、论文最为常见。例如：

（1）Predicting the Bearing Capacity of Load Bearing Brick Wall/Underpin System

（2）Optimizing the Section Shape of Roadways in High Stress by Numerical Simulation

（3）Testing of an Index of Stream Condition for Waterway Management in Australia

（4）Accounting Embodied Energy in Import and Export in China

（5）Weighting Methods for Life Cycle Assessment

（6）Simulating the Effect of Spread of Excitation in Cochlear Implants

（7）Achieving Universal Coverage Through Structural Reform

（8）Mixing and Flushing of Tidal Embayment in the Western Dutch Wadden Sea

（9） Evaluating Gully Erosion Using 137Cs Ratio in a Reservoir Catchment

（10） Matching Between Transmission System and Engine of Full Hydraulic Excavator

（四）以句子为英文标题

以句子为英文标题的工程专业学术论文偶尔见于国内外学术期刊。作为英文标题的句子，以特殊疑问句和省略特殊疑问句居多，这主要是为了达到简明扼要、一目了然的效果。这类学术论文多以概念阐述、方法介绍、观点表达为主要内容。例如：

（1） What Is River Health?

（2） Against Mergers? The Influence of Self-Construal and Self-Activation

（3） Exporting Pollution? Calculating the Embodied Emissions in Trade for Norway

（4） What Is Advanced Engineering Thermodynamics?

（5） Do Red Beds Indicate Paleoclimatic Conditions? A Permian Case Study

以句子为标题的工程专业学术论文数量非常有限，这主要是由论文的内容决定的。因此，在选择论文标题时，一定要注意标题与论文内容的一致性，切忌文不对题。

三、工程专业学术论文英文标题的翻译

工程专业学术论文英文标题有其特有的特点和组织结构。在翻译成汉语时，一定要注意英语和汉语两种语言的文化差异，领会英文标题的结构特点和确切含义，做好两种语言的转换，使翻译出来的汉语标题既忠实原文、通顺易懂，又符合汉语标题的表达方法。

（一）介词短语英文标题的翻译

介词短语英文标题的翻译主要采用以下两种方法。

1. 直译法

所谓直译法，就是根据英文标题的字面意思进行翻译，不做任何的增补或删除，介词“on”常常可以翻译为“论……”或“关于……”。

【例5-1】

（1）On Hazard Zonation of Debris Flows in Binxian County，Shaanxi Province

译文：论陕西省彬县泥石流灾害危险性区划问题

（2）On the Distribution of Upper Air Aerosols and the Transport of Dust over East Asia

译文：论东亚高空大气气溶胶的分布及沙尘输送问题

（3）On Development and Utilization of Groundwater Reservoir

译文：论地下水库开发利用中的几个问题

（4）On Evaluation of Integrated Management for Expressway Construction Projects

译文：关于高速公路建设项目集成化管理评价体系问题

（5）On the Application about the Partnering Mode Used in the Military Project of Engineering Construction

译文：论Partnering模式在军队工程项目管理中的应用

2. 增词法

所谓增词法，就是根据标题内容的需要，增加一些相关词语，以便使翻译出的汉语标题更加忠实于原英文标题的含义，常常增加“……的研究”“……的分析”“……的探析”等特定词语。

【例5-2】

（1）On Three-Dimension Scene Modeling Technology of 3 DVR Platform for Shearer

译文：采煤机3 DVR平台三维建模技术研究

（2）On Influencing Factors of Sedimentation Characteristics of Coal Slime Water

译文：煤泥水沉降特性的影响因素分析

（3）On Deformation Characteristics and Constitutive Modeling of Granular Soils during Cyclic Loading with Spherical Stresses

译文：球应力循环加载下粒状土变形规律与本构描述研究

（4）On Informationization Construction of National Finished Oil Redistribution Logistics

译文：我国成品油二级物流信息化建设的探析

（二）名词结构英文标题的翻译

名词结构英文标题翻译时，首先应明确名词结构的基本含义，然后厘清介词后面的词语搭配和确切含义，最后按照汉语标题的要求进行英汉双语转换。下面以工程专业学术论文中最常见的名词结构英文标题为例，进行翻译实践。

1. Analysis of/on

“analysis of/on”通常以单数或复数形式在英文标题中出现，前面可以省去冠词，但可以加上一些诸如“provenance，cause，effect，component，structure，feasibility，test”的名词或形容词来起修饰限定的作用，也可以与其他名词并列使用，通常可以翻译为“……的分析”“……的研究”。

【例5-3】

（1）Analysis of Shenzhen River Health

译文：深圳河健康状况分析

（2）Contrast and Analysis of Carbon/Carbon Braking Discs from Different Producers

译文：不同C/C复合材料飞机刹车盘基本性能的对比研究

（3）Component Analysis of Essential Oil from Melaleuca Leucadendron L

译文：白千层挥发油化学成分分析

（4）Provenance Analysis of the Member 2 and 3 of the Upper Cretaceous

Nenjiang Formation in Northern Songliao Basin

译文：松辽盆地北部上白垩统嫩江组二、三段物源分析

(5) Cause Analysis and Prevention of Cast-in-place Concrete Floor Cracks

译文：现浇混凝土楼板裂缝原因分析及防治方法

(6) Wavelet Analysis of Rainfall Variation in the Yellow River Basin

译文：黄河流域降水序列变化的小波分析

(7) Monte Carlo Simulation and Performance Analysis of Microscale Air Slider Bearing

译文：微尺度气体滑动轴承的Monte Carlo模拟与性能分析

(8) The Source Analysis of the Components in Total Suspended Particulates in Ambient Air of Typical Cities in Jilin Province

译文：吉林省典型城市环境空气中总悬浮颗粒物源相分析实例研究

(9) Feasibility Analysis of Transient Electromagnetic Method for Detecting Underground Caves

译文：瞬变电磁探测地下洞体的可行性分析

(10) Analyses of Reinforced Concrete Columns by Performance-based Design Method

译文：基于性能设计方法的钢筋混凝土柱构件分析

(11) Tree-Dimension Numerical Simulation Analysis on the Mechanical Effects of Roadway Across Shape

译文：巷道断面形状力学效应三维数值模拟分析

(12) Bearing Characteristics Analysis on Steel Frame Joint with Cantilever Beam Splicing

译文：钢框架带悬臂梁段拼接节点的承载特性分析

2. Application of

“application of”通常以单数或复数形式在英文标题中出现，前面可以省去冠词，但可以加上一些起修饰限定作用的名词或形容词，也可以

与其他名词并列使用，通常翻译为“……的应用”。

【例5-4】

（1）Application of the Crystalization Index of Illite in the Study on Rock Metamorphose Degree

译文：伊利石结晶度指数在岩石变质程度研究中的应用

（2）Recent Development of the Application of Advanced Treatment of Supply Water and Existing Problems in China

译文：我国给水深度处理应用发展近况与存在的问题

（3）Development and Application of the Industrialization of the Light-steel Structure House in Hebei Province

译文：河北省轻钢结构住宅产业化发展及其应用

（4）Application and Seismic Characteristics of CL Structure System

译文：CL结构体系的抗震特点及其应用

3. Approach of

“approach of”通常以单数形式出现在英文标题中，其前面可以省去冠词，但可以加上一些起修饰限定作用的名词或形容词，也可以与其他名词并列使用，或可以用“method of”替换。

【例5-5】A Highway Network Planning Approach Based on Objective-Eva-luation Analysis

译文：基于目标评价分析的公路网规划方法

4. Assessment at/of

“assessment at/of”通常以单数形式在英文标题中出现，其前面可以省去冠词，但可以加上一些起修饰限定作用的名词或形容词，也可以与其他名词并列使用，通常翻译为“……评价”“……评估”“……的诊断”。

【例5-6】

（1）Echo-environmental Changes Assessment at the Chiufenershan Land-slide Area Caused by Catastrophic Earthquake in Central Taiwan

译文：台湾中部灾难性地震引起的邱芬尔山山体滑坡地区的经济环境变化评估

（2） Quantitative Assessment of Environmental Impact on Construction During Planning and Designing Phases

译文：建筑工程规划设计阶段的环境影响定量评价

（3） Assessment and Analysis of Shenzhen River Health

译文：深圳河健康状况诊断及分析

（4） Stability Assessment of Rockmass Engineering Based on Failure Approach Index

译文：基于破坏接近度的岩石工程稳定性评价

（5） Life Cycle Assessment of Biodiesel Environmental effects

译文：生物柴油环境影响的全生命周期评价

5. Calculation for/of

“calculation for/of”通常以单数形式出现在英文标题中，其前面可以省去冠词，但可以加上一些起修饰限定作用的名词或形容词，也可以与其他名词并列使用，或可以用“computation of”替换，通常翻译为“……的计算”。

【例5-7】

（1） Calculation and Test for Cold-formed Thin-wall Steel Reinforced Concrete Slabs

译文：CTSRC楼板承载力计算及实荷试验

（2） Calculation of Temperature Fields in Early Age Concrete Based on Adiabatic Test

译文：基于混凝土绝热温升试验的早龄期混凝土温度场的计算

（3） Transient Calculation of Temperature Field and Stress Field for High- Speed Electric Multiple Units Brake Disc

译文：高速动车组制动盘瞬态温度与应力场计算

（4） Temperature Field and Stress Field Calculation of Brake Disc Based on 3-Dimen-sion Model

译文：基于三维模型的制动盘温度场和应力场计算

6. Characteristics of

“characteristics of”通常以复数形式出现在英文标题中，其前面可以省去冠词，但可以加上一些起修饰限定作用的名词或形容词，也可以与其他名词并列使用，通常翻译为“……的特征”“……的特性”。

【例5-8】

（1）Characteristics of “Multi-Factor Controlling and Keyfactor Entrapping” of Formation and Distribution of Lithologic Petroleum Reservoirs in Continental Rift Basin

译文：大陆裂谷盆地岩性油气藏形成与分布的“多因素控制与圈团”特征

（2）Characteristics and Distribution Regularities of the Oil-Gas Reservoir-Forming Assemblages in the Chengbei Fault-Ramp

译文：埕北断坡区油气成藏组合特征及分布规律

（3）Characteristics and Exploration Potential of Lithologic-Stratigraphic Hydrocarbon Reservoirs in Qikou Sag of Dagang Oilfield

译文：大港油田歧口凹陷岩性地层油气藏特征及勘探潜力

（4）Nonlinear Dynamical Characteristics of Face Gear Transmission System

译文：正交面齿轮传动系统的非线性震动特性

7. Characterization of

“characterization of”通常以单数形式出现在英文标题中，其前面可以省去冠词，但可以加上一些起修饰限定作用的名词或形容词，也可以与其他名词并列使用，通常翻译为“……的特性”“……的分析表征”。

【例5-9】

（1）Characterization of Porous Open-Cell Metal Foams under Torsion

译文：泡沫金属多孔体在扭矩作用下的分析表征

（2）Biodegradation Characterization of a Pyridine-Degrading Strain

译文：吡啶降解菌的生物降解特性

8. Classification of

“classification of”通常以单数形式出现在英文标题中，其前面可以省去冠词，但可以加上一些起修饰限定作用的名词或形容词，也可以与其他名词并列使用，通常翻译为“……的分类”。

【例5-10】

（1）A Classification of Rocks and Glossary of Terms

译文：岩石与术语的分类

（2）Classification of Hydraulic Engineering Cash Flow Curves

译文：水利工程资金流曲线分类

9. Comparison between...and.../of

“comparison between...and.../of”通常以单数或复数形式出现在英文标题中，其前面可以省去冠词，但可以加上形容词或名词来限定比较的范围和内容，也可以与其他名词并列使用，通常翻译为“……的比较”“……的对比”“……的比较研究”。

【例5-11】

（1）Comparison and Techno-economic Assessment between Direct Coal-to-liquids and Indirect Coal-lo-liquids

译文：煤直接液化与间接液化技术比较及经济评价

（2）Comparison and Analysis on Structural Styles for Multistory Residential Buildings

译文：多层住宅结构方案对比分析

（3）Comparison of Aseismic Behavior of Traditional and Sandwich Space RC Beam-Column Joints Based on Cyclic Load Test

译文：空间RC框架夹心节点与传统节点抗震性能对比试验

（4）Comparison of Five Methods for the Assaying of a Amylase Activity

译文：五种淀粉酶测活方法的比较研究

10. Computation of

“computation of”通常以单数形式出现在英文标题中，其前面可以省去冠词，但可以加上一些起修饰限定的形容词，有时也与其他名词并列使用，也可以用“calculation of”替换，通常翻译为“……的计算”。

【例5-12】

（1）Computation of Hydrodynamic Forces of a Ship in Regular Heading Waves by a Viscous Numerical Wave Tank

译文：数值波浪水槽及顶浪中船舶水动力计算

（2）Computation of Lateral Load Distribution in Bridge Engineering

译文：桥梁工程中荷载横向分布的计算

11. Control of/on

“control of/on”通常以单数形式出现在英文标题中，其前面可以省去冠词，但可以加上一些起修饰限定作用的名词或形容词，也可以与其他名词并列使用，通常翻译为“……的控制”。

【例5-13】

（1）Cracking Control of Engineering Structures

译文：工程结构裂缝控制

（2）Tectonic Control on the Hydrocarbon-Generation Evolution of Permo-Carboniferous Coal in Huanghua Depression

译文：黄骅坳陷石炭-二叠纪煤成烃演化的构造控制

12. Detection for/of

“detection of”通常以单数形式出现在英文标题中，其前面可以省去冠词，但可以加上一些起修饰限定作用的名词或形容词，也可以与其他名词并列使用，通常翻译为“……的检测”“……的测定”。

【例5-14】Construction Collision Detection for Site Entities Based on 4-D Space-Time model

译文：基于四维时空模型的施工现场物理碰撞检测

13. Determination of

“determination of”通常以单数形式出现在英文标题中，其前面可以省去冠词，但可以加上一些起修饰限定作用的名词或形容词，也可以与其他名词并列使用，通常翻译为“……的确定”“……的测定”。

【例5-15】

（1）Determination of Concrete Setting Time Based on Measurements of Deformation Variations

译文：基于早期变形特征的混凝土凝结时间的确定

（2）Structural Features and Determination of Deformation Time in the Nanyishan-Jiandingshan Area of Qaidam Basin

译文：柴达木盆地南翼山-尖顶山地区构造特征及变形时间的确定

（3）Determination of Twenty-one Elements in the Refly Dust by X-Ray Fluorescence Spectrometry

译文：X射线荧光光谱法测定道路扬尘中21种元素

14. Development of

“development of”通常以单数形式出现在英文标题中，其前面可以省去冠词，但可以加上一些起修饰限定作用的名词或形容词，通常翻译为“……的发展”“……的进展”“……的研制”“……的开发”。

【例5-16】

（1）Recent Development of the Application of Advanced Treatment of Supply Water and Existing Problems in China

译文：我国给水深度处理应用发展

（2）Construction and Development of Novel Plastificator Model of Polymer

译文：新型聚合物塑化模型构建及装置的研制

（3）Recent Development of Low-Voltage/Low-Power Analog IC's

译文：低压低功耗模拟集成电路的发展近况

（4）Development of Long Afterglow Phosphors

译文：长余辉发光材料研究进展

（5）Development and Practical Application of Construction Site 4D Management System with Internet and Decision Support

译文：基于网络和决策支持的4D施工现场管理系统开发与应用

15. Diagnosis of/on

“diagnosis of/on”通常以单数形式出现在英文标题中，其前面可以省去冠词，但可以加上一些起修饰限定作用的名词或形容词，通常翻译为“……的诊断”“……的诊断研究”。

【例5-17】

（1）Fault Diagnosis of Construction Machinery Hydraulic System Based on Multi-network Model

译文：基于多网络模型的工程机械液压系统故障诊断研究

（2）Fault Diagnosis on Cooling System of Ship Diesel Engine Based on Bayes Network Classifier

译文：基于贝叶斯网络分类器的船舶柴油机冷却系统故障诊断

（3）Fault Diagnosis of Complex System Based on Bayesian Networks

译文：基于贝叶斯网络的复杂系统故障诊断

16. Discovery of

“discovery of”通常以单数形式出现在英文标题中，其前面可以省去冠词，但可以加上一些起修饰限定作用的形容词或名词，也可以与其他名词并列使用，通常翻译为“……的发现”。

【例5-18】

（1）Discovery of Cretaceous Compressional Structure in Northern Margin of Qaidam Basin and Its Geological Significance

译文：柴达木盆地北缘白垩纪挤压构造的发现及其地质意义

（2）Discovery of Compressional Structure in Wuerxun-Beier Sag in Hailar Basin of Northern China and Its Geological Significance

译文：海拉尔盆地乌尔逊–贝尔凹陷挤压构造的发现及其地质意义

17. Discussion on

“discussion on”通常以单数形式出现在英文标题中，其前面可以省去冠词，但可以加上一些起修饰限定作用的名词或形容词，也可以与其他名词并列使用，通常翻译为“……的探讨”“……的讨论”。

【例5–19】

（1）Preliminary Discussion on Economics and Risks of Indirect Coal Liquefaction

译文：煤间接液化制油的经济性和风险性初探

（2）Discussion on the Formation of North Dagang Multiple Oil-Gas Accumulation

译文：北大港复式油气聚集带成因探讨

（3）Discussion on Water-Bearing Gas Reservoir Production in Sichuan District

译文：四川地区含水气藏开采技术探讨

（4）Discussion on the Deep Fresh Water Salinization in the Plain Region of Tianjin

译文：天津市平原区深层淡水盐渍化问题的讨论

18. Distribution of

“distribution of”通常以单数形式出现在英文标题中，其前面可以省去冠词，但可以加上一些起修饰限定作用的名词或形容词，也可以与其他名词并列使用，通常翻译为“……的分布”。

【例5–20】

（1）Growth Distribution of the Riverbed Structures in Mountain Area

译文：山区河流河床结构的发育分布

（2）Distribution of Coal mines in North Shanxi Area and the Assessment of the Effects of Mining

译文：陕北煤矿的分布及采矿影响评估

19. Diversity in/of

“diversity in/of”通常以单数形式出现在英文标题中，其前面可以省去冠词，但可以加上一些起修饰限定作用的名词或形容词，也可以与其他名词并列使用，通常翻译为“……的多样性”。

【例5-21】

（1）Diversity of Culturable Microganisms from Erosive Bamboo Slips of Kingdom Wu

译文：吴国侵蚀竹简培养微生物的多样性

（2）Bacterial Diversity in the Sediments of Taihu Lake by Using Traditional Nutrient Medium and Dilution Nutrient Medium

译文：传统营养培养基和稀释营养培养基研究太湖沉积物可培养细菌的多样性

20. Effect of...on...

“effect of...on...”通常以单数或复数形式出现在英文题目中，其前面可以省去冠词，但可以加上一些起修饰限定作用的形容词或名词，也可以用“impact of...on...”或“influence”替换，通常翻译为“……的影响”“……的效果”“……的效应”等。

【例5-22】

（1）Effects of Magnetic Fields on the Water Molecular Structure in Calcium Chloride Solutions

译文：磁场处理对$CaCl_2$溶液中水分子结构的影响

（2）Effects and Numerical Simulation of Rain Infiltration on Soil-rock Aggregate Slope Stability

译文：降雨渗流对土石混合体边坡稳定性的影响及数值模拟

（3）Effects of Sub-lethal UV-C Irradiation on the Growth of Microsystis Aeruginosa

译文：亚致死性UV-C辐照对铜绿微囊藻生长效果的影响

（4） Effect of Petroleum Biodegradation and Rhizosphere Microeco-system in Phytore-mediation of the Polluted Soil in Oilfield

译文：石油生物降解与根际微生态系统在油田污染土壤植物修复中的作用

（5） Effect of Railway Environment on Aerodynamic Performance of Train on Embankment

译文：铁路环境对路堤上列车气动性能的影响

21. Evaluation of/on

“evaluation of”通常以单数形式出现在英文标题中，其前面可以省去冠词，但可以加上一些起修饰限定作用的名词或形容词，也可以与其他名词并列使用，通常翻译为“……的评价”“……的评估”。

【例5–23】

（1） Evaluation of Integrated Management for Expressway Construction Projects

译文：高速公路建设项目集成化管理评价体系

（2） Evaluation on the Quality of Diatomite in Lushuihe District

译文：露水河地区硅藻土质量评价

（3） Evaluation and Comparison of Residual Stress in Thick Pre-stretched Aluminum Plates of LY12，B95 and 7050.

译文：LY12、B95和7050铝合金预拉伸厚板内部残余应力分布特征评估与分析

22. Evolution of

“evolution of”通常以单数形式出现在英文标题中，其前面可以省去冠词，但可以加上一些起修饰限定作用的形容词或名词，也可以与其他名词并列使用，通常翻译为“……的演变”“……的演化”。

【例5–24】

（1） Evolution of the Riverbank Damage under Scouring

译文：冲刷致岸堤稳定的衰变

（2）Evolution of Meso-Cenozoic Qaidam Basin and Its Control on Oil and Gas

译文：柴达木盆地中新生代演化及其对油气的控制作用

（3）Evolution of Quaternary Groundwater System in North China Plain

译文：华北平原第四系地下水系统的演化

23. Experiment of/on

“experiment of/on”通常以单数或复数形式出现在英文标题中，其前面可以省去冠词，但可以加上一些起修饰限定作用的名词或形容词，也可以与其他名词并列使用，通常翻译为“……的试验”“……的实验研究”。

【例5-25】

（1）Electro-osmosis Experiment of Soft Clay with External Loading

译文：外荷载作用下的软黏土电渗试验

（2）Experiment on Low C/N Ratio Domestic Wastewater Treatment by ABR & Biocontact Oxidation Process

译文：ABR-生物接触氧化工艺处理低碳氮比生活污水试验

（3）Dynamic Caustics Experiment of Blasting Crack Propagation in Discontinuous Jointed Material

译文：断续节理介质爆生裂纹扩展的动焦散实验研究

（4）Experiments of Low Basicity Magnesian Oxidized Pellets

译文：低碱度镁质氧化球团的试验研究

24. Exploration of/over

“exploration of/over”通常以单数形式出现在英文标题中，其前面可以省去冠词，但可以加上一些起修饰限定作用的名词或形容词，也可以与其他名词并列使用，通常翻译为“……的探讨”“……的探测”“……的勘察”。

【例5-26】

（1）Exploration of Allowing Fluctuating of Water Level in the Middle

Route of the South-to-North Water Transfer Channel

译文：南水北调中线干渠闸前变水位运行方式探讨

（2）The Geophysical Exploration over Long Deep Tunnel for West Route of South-to-North Water Transfer Project

译文：地球物理综合勘探技术在南水北调西线工程深埋长隧洞勘察中的作用

（3）Water Resources Exploration with CSAMT and High Density Electric Resistivity Method

译文：CSAMT法和高密度电法探测地下水资源

（4）The Geophysical Exploration about Exhausted Area and Sinking Area in Coal Mine

译文：煤矿采空区及塌陷区的地球物理探查

25. Feature of

“feature of”通常以单数或复数形式出现在英文标题中，其前面可以省去冠词，但可以加上一些起修饰限定作用的名词或形容词，也可以与其他名词并列使用，通常翻译为“……的特征”“……的特性”。

【例5-27】

（1）Principal Features of Stratigraphic-Lithological Hydrocarbon Accumulation Zone

译文：岩性地层型油气聚集区带的基本特征

（2）Regional Features of Non-Point Source Pollution in Shiyan City

译文：十堰市非点源污染状况及其区域分布特征

26. Genesis of

“genesis of”通常以单数形式出现在英文标题中，其前面可以省去冠词，但可以加上一些起修饰限定作用的形容词，有时也与其他名词并列使用，通常翻译为“……的成因”。

【例5-28】

（1）Genesis and Exploitation of Relative Rich Aquifer Regions in Mawu

(1+2) Gas Reservoir of Jingbian Gas Field

译文：靖边气田马五（1+2）气藏相对富水区成因及开发

（2） Exhalative Sedimentary Genesis of Lawu Copper-Lead-Zinc Deposit in Dangxiong County of Tibet

译文：西藏当雄县拉屋铜铅锌多金属矿床喷流沉积成因

（3） The Genesis and the Metallogenic Model of the Qilin Lead-Zinc Sulfide Ore Deposits

译文：麒麟厂铅锌硫化矿床成因及成矿模式探讨

27. Identification of

“identification of”通常以单数形式出现在英文标题中，其前面可以省去冠词，但可以加上一些起修饰限定作用的形容词，有时也与其他名词并列使用，通常翻译为“……的鉴定”“……的辨识”。

【例5–29】

（1） Isolation and Identification of Two Pyridine-Degrading Strain

译文：两株吡啶降解菌的分离与鉴定

（2） Identification of Misalignment Angles of a Gyro Rotational Axis Based on Disturbed Specific Forces

译文：基于扰动比力的壳体翻滚错位角辨识

28. Impact of...on...

“impact of...on...”通常以单数或复数形式出现在英文标题中，其前面可以省去冠词，但可以加上一些起修饰限定作用的名词或形容词，也可以与其他名词并列使用，也可以用“influence of...on...”或“effect of...on...”替换，通常翻译为“……的影响”。

【例5–30】

（1） Impact of Packaging on the Cost of Highway Construction Projects

译文：高速公路标段划分对工程造价的影响

（2） Impacts of Incoming Sediment on Bed Load Transport in Streams

译文：来沙条件对山区河流推移质输沙的影响

29. Influence of...on...

“influence of...on...”通常以单数或复数形式出现在英文标题中，其前面可以省去冠词，但可以加上一些起修饰限定作用的名词或形容词，也可以与其他名词并列使用，也可以用“impact of...on...”或“effect of...cm...”替换，通常翻译为“……的影响”。

【例5-31】

（1）Influence of PAC and Particulates on Natural Organic Matter Membrane fouling during Ultrafiltration Process

译文：PAC及颗粒物对超滤膜有机物污染的影响

（2）Influence of Water Content on Shear Strength Characteristics of Lanzhou District Loess

译文：含水量对兰州地区黄土剪切强度特性的影响

（3）Influence of Molecular Forces Between Gas Molecules and the Walls on Micro Scale Gas Lubrication

译文：壁面与气体分子间作用力对微尺度气体润滑性能的影响

（4）The Influences of MgO and Basicity on the Viscosity of BF Slag

译文：MgO含量和碱度对高炉渣的黏度的影响

30. Investigation of/on

“investigation of/on”通常以单数或复数形式出现在英文标题中，其前面可以省去冠词，但可以加上一些起修饰限定作用的名词或形容词，也可以与其他名词并列使用，通常翻译为“……的研究”“……的调研”“……的探讨”。

【例5-32】

（1）Investigation of Heavy Metals Pollution in Predominant Plants around a Municipal Solid Waste Incineration Plan: A Case Study in Shenzhen Qingshuihe MSWI Plant

译文：垃圾焚烧厂周围优势植物的重金属污染特征研究——以深圳市清水河垃圾焚烧厂为例

（2）Experimental Investigations on the Fatigue Behavior of Corroded RC Beams

译文：锈蚀钢筋混凝土梁疲劳性能试验研究

（3）Investigation of BFRP-Reinforced Pre-damaged Concrete Beam-Column Joints under Reversed Cyclic Loading

译文：玄武岩纤维加固震损混凝土框架节点抗震性能试验研究

（4）Investigation on Water Resource and Its Integrated Utilization in Oil Refinery

译文：炼油企业水资源调研及综合利用

（5）Investigation on Rational Basicity of Sinter

译文：烧结矿合理碱度的探讨

31. Management of

“management of”通常以单数形式出现在英文标题中，其前面可以省去冠词，但可以加上一些起修饰限定作用的形容词或名词，通常翻译为“……的管理”。

【例5-33】

（1）Integrated Management of Expressway Construction Project

译文：高速公路工程项目的集成管理

（2）Integrated Management of Large-Scale Transport Construction Projects

译文：大型交通建设项目的集成管理

32. Measure for

“measure for”通常以单数或复数形式出现在英文标题中，其前面可以省去冠词，但可以加上一些起修饰限定作用的名词或形容词，也可以与其他名词并列使用，通常翻译为“……的对策”“……的措施”。

【例5-34】

Measures for Supporting Deep High Stress Crack-Expansion Creep Rock-mass in Jinchuan Mining District

译文：金川矿区深部高应力碎胀蠕变岩体支护对策

33. Mechanism of

“mechanism of”通常以单数或复数形式出现在英文标题中，其前面可以省去冠词，但可以加上一些起修饰限定作用的名词或形容词，也可以与其他名词并列使用，通常翻译为“……的机理”。

【例5-35】

（1）Mechanism of Crystal Growth Modifier in Bayer Seeded Precipitation Process of Sodium Aluminate Solution

译文：结晶助剂在铝酸钠溶液种分过程中的作用机理

（2）Growth Mechanism of Flaky α-Fe_2O_3 and Its Preparation

译文：片状α-Fe_2O_3的生长机理及其制备

（3）Modeling Mechanism of Screw Extruder Mechanism of Plaster

译文：石膏基墙板螺旋挤压机成型机理

34. Method for/of

“method for/of”通常以单数或复数形式出现在英文标题中，其前面可以省去冠词，但可以加上一些起修饰限定作用的名词或形容词，也可以与其他名词并列使用，通常翻译为“……的方法”。

【例5-36】

（1）Computational Methods for Transport Time Scales in a Bay

译文：海湾内传输过程时间尺度的计算方法

（2）A Method of Automatic Events Extraction Based on Fourth-Order Cumulants

译文：基于四阶累积量的同相轴自动拾取方法

（3）A Wavelet Method for Dimension Evaluation of Fractal Multi-Dimension Ounces

译文：多分维多形曲线维数计算的小波方法

（4）Simplified Analysis Method for Seismic Pile-Soil-Bridge Structure Interaction in Liquefying Ground

译文：液化场地桩-土-桥梁结构地震相互作用简化分析方法

（5） Subgrade Frost Heave Features and Calculation Method for Frozen Depth of # 102 Highway in Jilin Province

译文：吉林省公路102线路基冻胀规律及冻深计算方法

（6） An Improved Method for Remote Sensing Image Registration

译文：一种改进的遥感图像配准方法

（7） Design Methods of Steel Reinforced Concrete Column

译文：钢骨混凝土柱的设计方法

35. Model for/of

“model for/of”通常以单数形式出现在英文标题中，其前面可以省去冠词，但可以加上一些起修饰限定作用的名词或形容词，也可以与其他名词并列使用，通常翻译为“……的模型”“……的建模”。

【例5-37】

（1） 3D Dual Medium Model of Thermal-Hydro-Mechanical Coupling and Its Application

译文：双重介质热-水-力三维耦合模型及应用

（2） Coupled Model of for Temperature-Seepage-Deformation Coupling and Finite Element Analysis

译文：裂隙岩体介质温度、渗流、变形耦合模型与有限元解析

（3） Tri-Level Programming Model for Optimization of Regional Transportation Corridor Layout

译文：区域运输通道布局优化三层规划模型

36. Perspective of

“perspective of”通常以单数形式出现在英文标题中，其前面可以省去冠词，有时前面加上一些起修饰限定作用的名词或形容词，也可以与其他名词并列使用，通常翻译为“……的前景”。

【例5-38】

（1） Development Perspective of Coal Liquefaction in China

译文：煤炭液化在中国的发展前景

（2）Perspective of Digital Manufacture and Digital Factory

译文：数字制造与数字工厂的研究前景

37. Practice of

“practice of”通常以单数形式出现在英文标题中，其前面一般不用冠词，但可以加上一些起修饰限定作用的名词或形容词，也可以与其他名词并列使用，通常翻译为“……的实践”。

【例5-39】Practice of Removal of a Multi-Storey Masonry Building along Longitudinal Axis

译文：多层砖混结构纵向平移实践

38. Prediction of

“prediction of”通常以单数形式出现在英文标题中，其前面可以省去冠词，但可以加上一些起修饰限定作用的形容词或名词，通常翻译为“……的预测”。

【例5-40】

（1）Prediction of Hydrological Series Based on Wavelet Transform and Support Vector Machine

译文：基于小波变换的支持向量机水文过程预测

（2）Prediction of the Bankfull Discharge in the Low Wei River

译文：渭河下游平滩流量的预测

39. Preparation of

“preparation of”通常以单数形式出现在英文标题中，其前面可以省去冠词，但可以加上一些起修饰限定作用的名词或形容词，也可以与其他名词并列使用，有时可以用fabrication of替换，通常翻译为“……的制备”。

【例5-41】

（1）Preparation of Flaky α-Fe_2O_3 and Its Growth Mechanism

译文：片状α-Fe_2O_3的制备及其生长机理

（2）Preparation of High Purity Boric Acid and Its Influencing Factors

译文：高纯硼酸的制备及其影响因素

（3）Preparation of Ferric Oxide from Pyrite Cinders by Hydrothermal Method

译文：硫铁矿烧渣水热法制备氧化铁

（4）Preparation and Application of Micaceous Iron Oxide

译文：云母氧化铁的制备与应用

40. Progress of/in

“progress of/in”通常以单数形式出现在英文标题中，其前面可以省去冠词，但可以加上一些起修饰限定作用的名词或形容词，也可以与其他名词并列使用，通常翻译为“……的发展”“……的进展”。

【例5-42】

（1）Progress of Research and Application of Digital Manufacturing

译文：数字化制造的研究发展与应用实践

（2）Progress in Research on Long afterglow Phosphorescent Materials

译文：长余辉发光材料的研究进展

（3）Progress in Study of Intensifying Seeded Precipitation Process of Supersaturated Sodium Aluminate Solution

译文：强化过饱和铝酸钠溶液种分过程的研究进展

（4）Research Progress in Fouling Control of Ultrafiltration Membrane

译文：超滤膜的污染控制研究进展

41. Property of

“property of”通常以单数或复数形式出现在英文标题中，其前面可以省去冠词，但可以加上一些起修饰限定作用的名词或形容词，也可以与其他名词并列使用，通常翻译为“……的特性”“……的性能”。

【例5-43】

（1）Microwave Absorbing Property of Nano-Fe_3O_4/$BaTiO_3$ Composite System

译文：纳米$Fe_3O_4/BaTiO_3$复合体系的微波吸收特性

（2）Piezoelectric Properties and Depolarization Temperature of BNT-BKT Piezoelectric Ceramics

译文：BNT-BKT陶瓷压电性能与退极化温度

（3）Electrochemical Properties of $LiFePO_4/C$ for Cathode Materials of Lithium Ion Batteries

译文：加碳方式对磷酸铁锂动力学及电化学性能的影响

42. Prospect in/of

“prospect in/of”通常以单数形式出现在英文标题中，其前面可以省去冠词，但可以加上一些起修饰限定作用的名词或形容词，也可以与其他名词并列使用，通常翻译为“……的展望”。

【例5-44】

（1）Prospect in New Fields of Oil-Gas Exploration in Xinjiang Area

译文：新疆地区油气勘探新领域展望

（2）The Present and Prospect of Highway Tunnel Surrounding Rock Stability

译文：公路隧道围岩稳定性研究现状与展望

（3）Current Situation and Prospect of Micro-Injection Molding Machines

译文：微注射成型机发展现状与展望

43. Recovery of

“recovery of”通常以单数形式出现在英文标题中，其前面可以省去冠词，但可以加上一些起修饰限定作用的形容词或名词，也可以与其他名词并列使用，通常翻译为“……的修复”“……的回收”。

【例5-45】

（1）Electrochemical Recovery of Capacity Loss for Lithium Secondary Battery

译文：锂离子二次电池容量损失的电化学修复

（2）Recovery of Acetic Acid from Wastewater by Absorption and Heating

Regeneration

译文：吸附-热再生法回收废水中醋酸的研究

44. Relationship between...and.../among...and...

"relationship between...and.../among...and..."通常以单数形式出现在英文标题中，其前面可以省去冠词，但可以加上一些起修饰限定作用的形容词或名词，也可以与其他名词并列使用，通常翻译为"……与……的关系"。

【例5-46】

（1）Relationship Between Fractal Dimension of Section Profile & Rock Quality of Tunnel Surrounding Rook Mass

译文：隧道围岩断面轮廓分维数与岩体质置的关系

（2）Relationship Among Overbreak-underbreak of Tunnel, Joints and Tunnel Axe

译文：隧道围岩超欠挖与节理和洞轴线之间的关系

（3）Relationship Between Structure and Performances of Lithium Cobalt Oxide and Voltage Characteristics of Lithium-ion Battery

译文：$LiCoO_2$结构及性能与锂离子电池电压特性的关系

45. Research of/on/towards

"research of/on/towards"通常以单数形式出现在英文标题中，其前面可以省去冠词，但可以加上一些起修饰限定作用的形容词或名词，通常翻译为"……的研究""……的研制""……的探析"。

【例5-47】

（1）The Research and Application of Ultrasound Cavitation

译文：超声空化的研究及应用

（2）The Research of Mineralization and Prospecting Orientation in Jiapigou-Jinchengdong Granite-Greenstone Belt, Jilin Province

译文：吉林省夹皮沟-金城洞花岗岩-绿岩区成矿作用及找矿方向的研究

（3） Research on EKG Material and Its Application in Slope Reinforcement

译文：EKG材料的研制及其在边坡加固中的应用

（4） Researches on the Geo-hazards Triggered by Wenchuan Earthquake, Sichuan

译文：四川汶川大地震地质灾害的研究

（5） Experimental Research of Hydro-Efflux Hammer for Oil and Geothermal Drilling

译文：石油、地热钻井冲击回转钻进试验的研究

（6） Research on Three-Dimension Scene Modeling Technology of 3D VR Platform for Shearer

译文：采煤机3D VR平台三维建模技术研究

（7） Research Towards Knowledge Model of Construction Management Based on Hybrid Intelligence

译文：基于复合智能技术建筑施工现场管理知识模型的研究

（8） Research on Information Construction of National Finished Oil Redistribution Logistics

译文：我国成品油二级物流信息化建设探析

46. Response in/of

“response in/of”通常以单数形式出现在英文标题中，其前面可省去定冠词，但可以加上一些起修饰限定作用的形容词或名词，也可以与其他名词并列使用，通常翻译为“……的响应”“……的响应特征”。

【例5-48】

（1） Capacity and Hydraulic Response in the Middle Route of the South-to-North Water Transfer Project

译文：南水北调中线工程输水能力及水力响应分析

（2） Hydraulic Response of the Middle Route of the South-to-North Water Diversion Project

译文：南水北调中线总干渠水力响应特征

（3）Response of the Bank-full Discharge to Runoff and Sediment Load in the Lower Weihe River

译文：渭河下游平滩流量变化对来水来沙的响应

47. Review of/on

“review of/on”通常以单数形式出现在英文标题中，其前面可以省去冠词，但可以加上一些起修饰限定作用的形容词或名词，有时也可以与其他名词并列使用，通常翻译为“……的考察”“……的综述”“……的评价”。

【例5-49】

（1）Review of the Ore-Forming Matters' Sources of the Xitieshan SEDEX Type Pb-Zn Deposit

译文：锡铁山SEDEX型铅锌矿床成矿物质来源综述

（2）Review of Research on Two-Sided Market and Platforms

译文：双边市场与平台理论研究综述

（3）Review on Determination of Bromate in Drinking water

译文：饮用水中溴酸盐检测方法研究进展

（4）Review on Microbial Characters of the Oil Contaminated Soil and the Bioremediation Effects

译文：石油污染土壤微生物学特性与生物修复效应的评价

48. Selection of

“selection of”通常以单数形式出现在英文标题中，其前面可以省去冠词，但可以加上一些起修饰限定作用的名词或形容词，也可以与其他名词并列使用，通常翻译为“……的选择”。

【例5-50】

（1）Evaluation and Selection of Project Management Modes for Military Engineering Projects

译文：军队工程项目管理模式的评价与选择

（2）Selection of an Appropriate Mode of the Project Engineering Construction Based on FAHP

译文：运用模糊层次分析法选择合适的工程项目管理模式

（3）Selection of Prediction Parameters and Prediction of Hourly Cooling Load of Building

译文：预测参数的选择与建筑物逐时冷负荷的预测

49. Simulation of/on

“simulation of/on”通常以单数形式出现在英文标题中，其前面可以省去冠词，但可以加上一些起修饰限定作用的名词或形容词，也可以与其他名词并列使用，通常翻译为“……的模拟”“……的仿真”。

【例5-51】

（1）Experiment and Numerical Simulation of Deforming For Energy Storage Tube

译文：贮能管消泡实验与数值模拟

（2）Numerical Simulation of Frequency-Domain IP with FEM

译文：频率域激发极化法有限元数值模拟

（3）Three-Dimension Numerical Simulation of Induced Polarization & Finite Element Method Under Complicated Terrain

译文：复杂地形条件下激发极化有限单元法三维数值模拟

（4）Simulation on Flow Field of Anode Gas and Electrolyte in Aluminum Electrolysis with Cermet Inert Anodes

译文：铝电解金属陶瓷惰性阳极气体及电解质流场仿真

（5）Test and Numerical Simulation for Stratified Rock Mass under Uniaxial Compression

译文：层状岩体单轴压缩室内试验分析与数值模拟

50. Structure of

“structure of”通常以单数形式出现在英文标题中，其前面可以省去冠词，但可以加上一些起修饰限定作用的名词或形容词，也可以与其他名词并列使用，通常翻译为“……的结构”。

【例5-52】

（1）Structure of the Complex Bi-conjugate Gradient Method

译文：复双共轭梯度法的结构

（2）Guiding Structure of Scientific Information Ontology

译文：科学信息本体引导结构参量规模研究

（3）Structure and Properties of Ceramic Layer on LY12 Al Alloy by Micro-arc Oxidation

译文：LY12铝合金微弧氧化陶瓷层的结构和性能

51. Study of/on

“study of/on”是工程专业学术论文中最常见的英文标题表达形式，通常以单数或复数形式出现在英文标题中，有时候其前面常有一些诸如“analytical，comparative，experimental”等词语修饰，以限定论文的研究范围和方法，通常翻译为“……的研究”“……的研制”。

【例5-53】

（1）Study on the Effects of Organic Removal by Traditional Purification Process with Three-dimensional Excitation Emission Matrix Fluorescent Spectroscopy

译文：常规净水工艺去除有机物效果的三维荧光光谱分析法研究

（2）Comparative Study of the Life-cycle Environmental Impact of Concrete Slabs

译文：混凝土板生命周期环境影响的比较研究

（3）Study on Integration Management of Super-large Engineering Construction Projects

译文：超大型工程建设项目集成管理研究

（4）Studies on Reversible and Irreversible Cyclic Deformation and Constitutive Model for Granular Soils

译文：粒状土的可逆和不可逆变性规律与循环本构模型研究

（5） An Experimental Study on the Fatigue Behavior of Corroded Reinforced Concrete Beams

译文：钢筋混凝土梁腐蚀后疲劳性能的试验研究

（6） Testing Study on Deformation Characteristics of Saturated Sand Under Repeated Spherical Stress

译文：球应力往返作用下饱和沙土变形特性的试验研究

（7） Study on Management System of Monitoring Data in Tunnel Excavation

译文：隧道施工期监测信息管理系统的研制

52. Survey of

“survey of”通常以单数形式出现在英文标题中，其前面可以省去冠词，但可以加上一些起修饰限定作用的名词或形容词，也可以与其他名词并列使用，通常翻译为“……的研究”。

【例5-54】

（1） Survey of Bounding Box Collision Detection Technology

译文：包围盒碰撞检测技术的研究

（2） Survey of Highway Planning Based on the Method of Total Control

译文：总量控制法的公路网络规划系统研究

53. Synthesis of

“synthesis of”通常以单数或复数形式出现在英文标题中，其前面可以省去冠词，但可以加上一些起修饰限定作用的名词或形容词，也可以与其他名词并列使用，通常翻译为“……的合成”“……的制备”。

【例5-55】

（1） Synthesis of Abscisic Acid

译文：脱落酸的合成

（2） Synthesis and Application of Ionone Complexes

译文：紫罗兰芳香化合物的合成与应用

（3） Synthesis of Conducting Polyaniline Nano Particles through Reverse

Microemulsions

译文：反向微乳液法合成导电聚苯胺纳米粒子

（4）Synthesis and Characterization of Cellulose Humidity Control Materials

译文：纤维素基湿度控制材料的制备与特征

54. Test for/of/on

“test for/of/on”通常以单数或复数形式出现在英文标题中，其前面可以省去冠词，但可以加上一些起修饰限定作用的名词或形容词，也可以与其他名词并列使用，通常翻译为“……的试验”“……的测试”“……的试验研究”。

【例5-56】

（1）Calculation and Test for Strengths of Cold-Formed Thin-Wall Steel Reinforced Concrete Slabs

译文：CTSRC楼板承载力计算及实荷试验

（2）Test on Mechanical Performance of CTSRC Floor

译文：CTSRC楼板受力性能试验

（3）Electro-osmosis Tests on Kaolin Clay

译文：高岭土的电渗试验

（4）Dynamic Properties Test of Soft Soil of Liaohe Delta Deposit

译文：辽河三角洲相沉积软土动力特性试验

（5）Tests and Studies on Electro-Chemical Dewatering

译文：电化学脱水技术的测试与研究

（6）Supplementary Test of Enriched Ti Material Preparation with Rotary Kiln Material from Ti Concentrate

译文：钛精矿回转窑还原制取富钛料补充试验研究

55. Theory of

“theory of”通常以单数或复数形式出现在英文标题中，其前面可以省去冠词，但可以加上一些起修饰限定作用的名词或形容词，也可以与其他名词并列使用，通常翻译为“……的理论”“……的原理”。

【例5-57】

（1）The Theories and Methods of Sub-reservoir by Using Sequence Stratigraphy

译文：层序地层学预测隐蔽油气藏的原理和方法

（2）A Statistical Theory of the Strength of Materials

译文：材料强度统计理论

（3）Theory and Application of Regional Integrated Transportation Network Layout

译文：区域综合交通网络布局理论及其应用

56. Treatment by/of/on

“treatment by/of/on”经常以单数形式出现在英文标题中，其前面可以省去冠词，但可以加上一些起修饰限定作用的名词或形容词，也可以与其他名词并列使用，通常翻译为“……的处理”。

【例5-58】

（1）Low-level Radioactive Wastewater Treatment by Continuous Electrodeionization.

译文：利用连续电除盐技术处理低放废水

（2）Treatment of Organic Wastewater from Tomato Paste Processing by Microwave Catalytic Oxidation Process with Activated Carbon

译文：活性炭吸附-微波催化氧化处理番茄酱加工有机废水

（3）Ozonation-BAC Treatment on High Algae Containing Reservoir Water from Yellow River

译文：臭氧-生物活性炭工艺处理高藻型引黄河水库水

（4）Treatment of Soybean Whey Wastewater by NF and RO Membrane

译文：NF-RO组合膜处理大豆乳清废水

（三）动名词结构标题的翻译

动名词结构标题在工程专业学术论文中使用得较少，主要是强调研究过程，翻译时可以灵活处理，不要受字面意思的束缚。

1. 翻译成汉语的名词结构——“……的研究”

【例5-59】

（1）Pre-splitting Blasting with Binding Energy Tube Charges: Simulation and Experimental Research

译文：装药预裂爆破模拟试验研究

（2）Predicting the Bearing Capacity of a Load Bearing Brick Wall

译文：承重砖墙托换体系承载力预计模型研究

（3）Optimizing the Section Shape of Roadways in High Stressed Ground by a Numerical Simulation

译文：高地应力巷道断面形状优化数值模拟研究

（4）Recycling of Copper Sulfate from Acid Copper Sulfate of Electroplating Wastewater

译文：从酸性硫酸盐镀铜废水中回收硫酸铜的研究

（5）Sintering of Black Shale and the Transformation of Vanadium in Yushan Jiangxi Province

译文：江西省玉山石煤烧结包裹与钒转化的研究

（6）Researching on Streaming Transmission Method over Heterogeneous Network

译文：异构网络环境下流媒体传输机制的研究

2. 翻译成汉语的句子、动宾结构、名词结构等

【例5-60】

（1）Taking the Road of Digital Mine for Mining

译文：矿业开采要走数字化矿山之路

（2）Synthesizing the Branches, Creating the New Phase of China's Manufacturing Science Research

译文：综合交叉，开创了我国制造科学研究的新局面

（3）Manufacturing Clean Coal by Means of Solvent Extraction

译文：溶剂抽提法制备洁净煤

（4）Accounting Embodied Energy in Import and Export in China

译文：中国进出口贸易中的隐含能估算

（5）Applying VCL Back-up Roll to Raise the Control Level of Strip Shape

译文：应用变接触长度支承辊提高板形综合调控能力

（6）Matching Between Transmission System and Engine of Full Hydraulic Bulldozer

译文：全液压推土机传动系统与发动机匹配

（7）Forecasting the Bid of Engineering Projects with Fuzzy Similar-Priority Comparison

译文：用模糊相似优先比关系预测工程项目投标报价

在高规格的工程专业学术期刊上，这些动名词结构的英文标题一般都转换成了名词结构的英文标题。

（四）句子标题的翻译

句子标题在工程专业学术论文中出现的频率最低，常见的多是特殊疑问句或省略疑问句。其中，特殊疑问句翻译成汉语时，多翻译成汉语特殊疑问句；省略疑问句采用补译法，翻译成完整的汉语疑问句。

1. 翻译成对应的汉语特殊疑问句

【例5-61】

（1）What is River Health?

译文：什么是河流健康？

（2）What is Advanced Engineering Thermodynamics?

译文：什么是高等工程热力学？

2. 采用补译法翻译成完整的疑问句

【例5-62】

（1）How to Find Oil Robbing Clamp in Buried Oil Pipeline?

译文：如何检测埋地输油管道盗油卡子？

（2）Exporting Pollution? Calculating the Embodied Emissions in Trade for Norway

译文：是在出口污染吗？挪威进口商品的热排放量估算

进入21世纪，工程专业学科的发展日新月异，学术研究成果更是硕果累累。除了上面列举的常见英文标题固定模式和翻译方法外，工程专业学术论文英文标题还有其他的一些出现频率相对较低的模式和翻译方法，以后也可能出现一些新的研究领域和新的标题模式，因此，翻译人员在翻译过程中，要根据实际情况灵活处理，切忌生搬硬套。

第二节　工程专业学术论文摘要的特点及翻译

摘要是工程专业学术论文中不可缺少的一部分，是工程专业学术论文内容不加注释和评论的简短陈述。工程专业学术论文英文摘要有其特点，掌握这些特点能够确保对英文摘要的翻译达到忠实、通顺、得体的效果，能使读者对工程专业学术论文的内容有一个快速、准确的了解。

一、工程专业学术论文英文摘要概述

摘要是各学科专业学术论文中一个重要的组成部分，工程专业学术论文的摘要应既有一般摘要的特点，又能体现本专业的学科特点。就各学科而言，规范的学术论文都包括中文摘要，而如果是为了在国际学术会议上进行学术交流或向国外学术期刊投稿，则学术论文必须有英文摘要；否则，该学术论文就是不完整的，也就无法被国外期刊的编辑部接受。

摘要应具有独立性，即读者通过略读摘要就能够获得整篇论文的必要信息。摘要中一般有数据、结论，是一篇完整的短文，可以独立使用，也可以引用。

摘要的内容应包含与学术论文同等重要的主要信息，以便能够帮助读者确定有无必要阅读全文，也可供文摘汇编等二次文献采用。摘要基

本都会包括课题研究的目的、实验方法、所获结果和结论等要素，其中价值最高的是结果和结论，也是最需要重点把握的内容。

中文摘要一般为200~300字，英文摘要一般不应超过250个实词，如果有特殊要求或需要，摘要字数可以适当增加。

要用文字表达，不要用附图和照片，除了实在无变通方法可以使用外，摘要中不使用图表、化学结构式、非公知公用的符号。工程专业学术论文和其他学科学术论文的摘要一样，一般都放置于论文标题、作者名和作者单位名之后、正文之前，但是国内有些期刊却把英文摘要置于全文的最后。硕士、博士学位论文为方便评审，或学术论文为了适应学术会议需要，可以按照相关要求写成变异本式的摘要，这种摘要一般不受字数规定的限制。

二、工程专业英文学术论文摘要的特点

工程专业英文学术论文摘要是学术论文不可缺少的组成部分，是国内外高端学术论文必备的一个要素，是了解学术论文核心内容的主要窗口。随着我国与国外学术交流的日益频繁和不断深化，参加国际学术会议、向国外高端期刊投送课题组或个人研究成果以期得到公开发表，成为我国工程学科领域广大科研人员肩负的一项光荣而艰巨的工作，而撰写英文摘要是完成课题研究报告或撰写学术论文中的一项重要内容。

英文摘要是对全文的一种提炼，是一篇短小精悍的微型学术论文。它有着自身的结构、语法、句法和逻辑关系，掌握这些特点，对于翻译人员全面理解和翻译英文摘要有十分重要的意义。

（一）英文摘要的语法特点

英文摘要和其他语言的论文摘要相同，是对整篇论文内容的精练，多采用陈述的方式来表述。按照英文摘要的写作习惯，出现的时态多为一般现在时、现在完成时和一般过去时。一般现在时在摘要中用来叙述当前进行的研究和取得的研究成果；现在完成时用来说明已经进行了的

研究工作及取得的部分成果；一般过去时用来回顾前人曾完成的研究及取得的成果。

在英文摘要中，最常用的语态是被动语态，因为英文摘要中叙述的是课题研究过程及取得的成果，不需要过多提及课题的研究人员。在试验性学术论文的摘要中，被动语态出现的频率相对更高，因为试验中强调的是试验的过程和得出的试验结果或结论，而不强调试验性研究的执行者。

（二）英文摘要的句法特点

英文摘要有其特有的句法特点，即多用陈述句，少用疑问句；多用分词短语，少用定语从句；多用简单句和并列句，少用结构复杂的复合句。这主要是因为英文摘要是对全文的提炼，要求简明扼要地陈述文章的核心内容和主要观点。英文摘要是读者迅速了解全文内容和主要观点的窗口，这就要求英文摘要要句式简单，尽量避免使用结构复杂的复合句，以免影响读者对信息的快速获得。

（三）英文摘要的逻辑关系表达

英文摘要是一篇完整的微型学术论文，文中各句子之间要有严密的逻辑关系。因此，在撰写和翻译英文摘要时，一定要厘清各个句子之间的逻辑关系，正确使用表达逻辑关系的连接词。翻译时，要将这些表达逻辑关系的英文词或词组转换成对应的汉语连接词，并注意英汉语言在逻辑关系表达上的差异。

三、工程专业学术论文英文摘要的翻译

英文摘要的翻译应基于对其特点的理解之上，翻译者要有扎实的工程专业基本知识，正确区分工程专业词汇和日常词汇之间的差异，厘清各个句子之间的逻辑关系和句子所承载的信息，确保译文既忠实于原文，又通顺流畅，有一定的可读性。

【例5-63】

Abstract: An evaluation indicator system was developed to promote the management and to reduce time delays and overbudget in expressway construction projects. The evaluation includes 13 evaluation indicators for life-cycle integration, objective integration, organizational integration and information integration. A method is given to calculate the indicator's scores and weight the indicators based on expert judgments. The system was used to score the integrated management of the Huiguan and Huishen Yanhai Expressway Projects at 4.028 and 3.563. The management performance of these two cases were then analyzed to show that better integrated management of expressway construction projects leads to better realization of the project objectives.

【注解】该英文摘要选自《清华大学学报》(自然科学版)2010年第50卷第9期第1369页题目为“高速公路建设项目集成化管理评价体系(Evaluation of Integrated Management for Expressway Construction Projects)”的论文。

摘要中使用了2个一般现在时态的句子和3个一般过去时态的句子，其中3个句子使用了被动语态，2个句子使用了主动语态。另外，摘要中还使用了由过去分词“based”引导的分词短语作后置定语，以简化句子的结构。该摘要采用叙述的形式概括了全文的主要内容。

①“an evaluation indicator system”的含义是“评价指标体系”；“developed”在这里的含义是“提出”，其他含义有“发展、开发、研制、患上（某种疾病）”等。

②“to reduce time delays and overbudget in expressway construction projects”的含义是“减少（解决）高速公路建设项目项目中超工期和超预算问题”。

③“the evaluation includes 13 evaluation indicators for life-cycle integration, objective integration, organizational integration and information integration”是工程专业学术论文中常见的一个句型，其基本含义是“……包括……”。该句中，“evaluation indicators”的含义是“评价指标”；

"life-cycle integration"的含义是"全寿命集成";"objective integration"的含义是"目标集成";"organizational integration and information integration"的含义是"组织集成及信息化集成管理"。

④"the system was used to score the integrated management of..."是一个工程专业学术论文中的常用句型,其基本含义是"运用(应用)……来……"。这句的意思是"应用上述评价体系得出(计算出)……的集成化管理水平评分是……"

⑤"the management performance"的含义是"管理绩效"。

⑥"the project objectives"的含义是"项目目标"。

译文:

摘要:为促进高速公路工程集成化管理的发展,解决超工期、超预算等问题,该文提出高速公路建设项目集成化管理评价指标体系,包括全寿命期集成、目标集成、组织集成及信息化集成管理4个维度共计13个评价指标;给出各指标分值的调查和计算方法;采用专家调研法确定各指标的权重;应用上述评价体系得出惠州市惠莞和惠深沿海高速公路的集成化管理水平评分分别为4.028和3.563;最后调查上述2个高速公路项目的管理绩效,证明集成化管理水平越高,项目目标实现得就越好。

【例5-64】

Abstract: As the case study of Shenzhen River, a new indicator system based on eco-environment and social economic service functions is established for river health assessment by the analysis of the relationship between river health and its functions. Combined with the calculation of index to describe the health status of each function and the analytical hierarchy process (AHP) method applied to confirm the weights at different level, a health comprehensive index (HCI) depicting the synthetic action by ail the functions is defined to present river health. Results indicate that, the systems of Shenzhen River in 2006 and 1996 are destroyed in the medium degree. It is also found that ecology and self-purification functions are severely damaged. Furthermore, the health status of Shenzhen River in 2006 is worse than that in 1996. According to the analysis of water environment and social economic characteristics of Shenzhen river basin, water pollution and water shortage are the main reasons for the damage of functions. Sewage interception and water supplement will be first considered in order to improve Shenzhen River health by ecological rehabilitation in future.

【注解】该英文摘要选自《北京大学学报》（自然科学版）2010年第46卷第4期第636页题目为“深圳河健康状况诊断及分析（Assessment and Analysis of Shenzhen River Health）”的论文。

摘要中使用了6个一般现在时态的句子和1个一般将来时态的句子，其中4个句子使用了被动语态，3个句子使用了主动语态。另外，摘要中还使用了由过去分词“based，applied”和现在分词“depicting”引导的分词短语作后置定语，以及“combined”引导的分词短语作状语，以简化句子的结构。摘要采用叙述的形式概括了全文的主要内容。

①“as the case study of Shenzhen River”中“as the case study of”的含义是“以……为例”。

②“a new indicator system”的含义是“一个新指标体系”；“based on”在工程专业学术论文摘要中经常出现，其含义是“基于……”。

③“by the analysis of the relationship between...and...”的含义是“通过分析……与……之间的关系”。

④“combined with”的含义是“结合”，该短语的意思是“结合综合指数的计算”。

⑤“the analytical hierarchy process（AHP）method applied to confirm the weights at different level：the analytical hierarchy process（AHP）method”的含义是“层次分析法”；“applied to confirm the weights at different level”是一个过去分词短语，用来修饰前面的词语，含义是“用来确定各种表征河流系统功能的具体指标对上一层元素的权重”。

⑥“a health comprehensive index（HCI）”的含义是“健康综合指数”。

⑦“results indicate that...”是工程专业学术论文中常见的用来表示研

究结果的一种句型。另外，有“results show that...”句型，该句型可以翻译为“研究表明”，后面由“that”引导的宾语从句可另分析。

⑧“according to the analysis of...”常见于工程专业学术论文中，多翻译成“根据……的分析结果”。

⑨“sewage interception and water supplement”的含义是“截污和河道补水问题”。

⑩“ecological rehabilitation”的含义是“生态修复”。

译文：

摘要：以深圳河为例，通过分析河流健康及其功能间的关系，建立一个基于生态环境和社会经济服务功能的河流健康诊断新指标体系，采用层次分析法确定各种表征河流系统功能的具体指标对上一层元素的权重，最后计算出健康综合指数，并据此对河流健康状况进行综合诊断。研究结果表明：深圳河2006年及1996年健康状况均处于中度受损状态；其中生态功能和自净功能受损严重，2006年较1996年健康状况有所下降。结合深圳河流域水资源环境和社会经济特征分析可知：深圳河现阶段水质污染严重和河道水量不足是导致深圳河功能受损的主要原因，因此必须优先考虑截污和河道补水问题，在此基础上，方能通过生态修复进一步改善深圳河的健康状况。

【例5-65】

Abstract: Focus on the nonlinearity and time-varying properties of engine and the existence of load minima, over-learning of conventional neural networks engine, a novel engine identification model was proposed based on support vector machine (SVM). Using the MATLAB, many precision influencing factors of engine torque were analyzed, and the precision influencing sequence of these parameters was confirmed. Considering the interaction among the parameters, the optimal parameters of SVM engine model was found out using loop nest program method. Testing results show that the engine identification model based on engine test and structure risk minimization (SRM) principle has very strong generalization ability. The SVM engine reveals high precision and strong generalization ability, which provides a foundation for engine matching power train.

【注解】该英文摘要选自《中南大学学报》（自然科学版）2010年第41卷第4期第1391页题目为“发动机支持向量机建模及精度影响因素（A Novel Engine Identification Model Based on Support Vector Machine and Analysis of Precision-Influencing Factors）”的论文。

摘要中使用了2个一般现在时态的句子（包括1个定语从句）和3个一般过去时态的句子，其中3个句子使用了被动语态，2个句子使用了主动语态（包括1个定语从句）。另外，摘要中使用了2个分别由“using”“considering”引导的现在分词短语作状语，以简化句子的结构；使用1个由“which”引导的非限定性定语从句，进行补充说明。摘要采用叙述的形式概括了全文的主要内容。

①“focus on”的含义是“针对，聚焦”，常用于英文摘要的开头。

②“the nonlinearity and time-varying properties of engine”的含义是“发动机具有的非线性、时变性的特点”。

③“conventional neural networks”的含义是“常规神经网络”。

④“a novel engine identification model”的含义是“发动机模型的新的辨识方法”；“was proposed”在该摘要中可以理解为“提出”；“based on support vector machine (SVM)”的含义是“基于支持向量机”。

⑤“Using the MATLAB”在该摘要中可以理解为“以MATLAB为平台”。

⑥“precision influencing factors”的含义是“精度影响参数”。

⑦“considering the interaction among the parameters”是一个现在分词短语，在句子中作条件状语，其含义是“在充分考虑各参数之间交互作用的前提下”。

⑧“using loop nest program method”是一个现在分词短语，在句子中作方式状语，其含义是“利用循环嵌套查找的方法”。

⑨“Testing results show that...”是工程专业学术论文摘要中常用的一个句型，含义是“研究结果表明……”，该句型中的动词除了“show”以

外，还有“indicate，present”等。

⑩“has very strong generalization ability”在该摘要中可以理解为“具有很强的泛化能力”。

⑪“which provides a foundation for engine matching power train”是一个非限定性定语从句，对前面句子的内容进行进一步的说明，可以翻译为“为实现发动机与传动系统共同工作的最佳匹配控制奠定了基础”。

译文：

摘要：针对发动机具有的非线性、时变性的特点及采用常规神经网络辨识时的过学习等问题，提出基于支持向量机（SVM）的发动机模型辨识方法。该方法以大量实测数据为基础，采用结构风险最小化准则（SRM），保证网络具有很强的推广特性。以MATLAB为平台，依据实测试验数据，研究核函数、损失函数及惩罚参数对系统辨识精度的影响，确定各参数对模型精度影响的程度。在充分考虑各参数之间交互作用的前提下，利用循环嵌套查找方法，获得使支持向量机网络辨识精度达到最优时的各参数值，并以此建立发动机转矩及油耗模型。研究结果表明：基于支持向量机的发动机模型具有很强的泛化能力，为实现发动机与传动系统共同工作的最佳匹配控制奠定了基础。

【例5-66】

Abstract: Use cold diffusion method to separate and quantify the three reduced inorganic sulfur species of acid-volatile sulfide (AVS), chromium (Ⅱ)-reducible sulfide (CRS) and elemental sulfur (ES) in intertidal sediments of Dongtan, Chongming. The result shows that contents of AVS in surface sediments range from 0.84 to 3.53 μmol/g, CRS from 2.53 to 5.16 μmol/g, ES from 0.72 to 1.13 μmol/g. The content sequence of RIS is high tidal flat > middle tidal flat > low tidal flat. CRS (FeS_2—S) is the main reduced inorganic sulfur species in surface sediments, which occupies from 48.2% to 61.9%. The content distribution of the three reduced inorganic sulfur (RIS) species in columnar sediments of Dongtan presents irregular characteristics. There are different vertical pattern of RIS between high, middle and low tidal flats, which reflects the comprehensive influence of sediment composition, organic matter, hydrodynamic conditions, plant rhizosphere effect and bioturbation effect of different sediment conditions.

【注解】该英文摘要选自《复旦学报》（自然科学版）2010年第49卷第5期第617页题目为“崇明东滩湿地沉积物中还原无机硫的形态特征（The Chemical Char-acteristic of Reduced Inorganic Sulfur in the Wetland Sediments of Chongming Dongtan）”的论文。

摘要中使用了4个一般现在时句子（包括1个宾语从句和1个定语从句），且全部使用了主动语态。另外，摘要中使用了1个由“that”引导的宾语从句，来说明分析的结果；一个由“which”引导的非限定定语从句，来进行补充说明。摘要采用叙述的形式概括了全文的主要内容。

①“cold diffusion method”的含义是“冷扩散连续提取法”。

②“acid-volatile sulfide（AVS）”的含义是“酸可挥发性硫（AVS）”。

③“chromium（Ⅱ）-reducible sulfide（CRS）”的含义是“黄铁矿硫（CRS）”。

④“elemental sulfur（ES）”的含义是“元素硫（ES）”。

⑤“in intertidal sediments of Dongtan, Chongming”的含义是“崇明东滩湿地表层沉积物中”。

⑥“the result shows that...”是工程专业学术论文摘要中常用的一个句型，含义是“结果表明……”。

⑦“contents of AVS in surface sediments range from 0.84 to 3.53 μmol/g”的含义是“表层沉积物中AVS含量为0.84 ~ 3.53 μmol/g”。

⑧“high tidal flat > middle tidal flat > low tidal flat”的含义是“高潮滩＞中潮滩＞低潮滩”。

⑨“which occupies from 48.2% to 67.9%”是一个非限定性定语从句，对前面句子的内容进行进一步的说明，可以翻译为“占48.2% ~ 67.9%”。

⑩“The content distribution of the three reduced inorganic sulfur（RIS）species in columnar sediments of Dongtan presents irregular characteristics.”

是一个“主语+谓语动词+宾语”结构的简单句，其中“the content distribution”是主语，“presents”是谓语动词，“irregular characteristics”是宾语，of结构作定语修饰前面的名词。全句可以翻译为“崇明东滩柱状沉积物中，三态还原无机硫的含量呈现不规则垂向分布特征”。

⑪“which reflects the comprehensive influence of sediment composition, organic matter, hydrodynamic conditions, plant rhizosphere effect and bioturbation effect of different sediment conditions.”是一个非限定性定语从句，对前面句子的内容进行进一步的说明，可以翻译为“（这）反映了不同沉积环境中沉积物粒度和有机质组分、水动力条件、植物根际作用和生物扰动等诸多因素的综合影响”。

译文：

摘要：运用冷扩散连续提取法对崇明东滩湿地沉积物中的酸可挥发性硫（AVS）、黄铁矿硫（CRS）和元素硫（ES）等三种化学形态的还原无机硫进行了定量分析，结果表明，崇明东滩湿地表层沉积物中，AVS含量为0.84~3.53 μmol/g，CRS含量为2.53~5.16 μmol/g，ES含量为0.72~1.13 μmol/g。沉积物中的还原无机硫（RIS）含量排序为：高潮滩>中潮滩>低潮滩。CRS即黄铁矿硫，是沉积物中主要的还原无机硫化物形态，占48.2%~67.9%。崇明东滩柱状沉积物中，三态还原无机硫的含量呈现不规则垂向分布特征，高、中、低潮滩存在一定差异，反映了不同沉积环境中沉积物粒和有机质组分、水动力条件、植物根际作用和生物扰动等诸多因素的综合影响。

【例5-67】

Abstract: Packaging is an important decision-making tool in highway-project management. This paper uses the cost components as the analysis unit to investigate the impact of packaging on the cost of the pricing units from the owner's point of view, as well as the whole project. The investigation indicates that the number of bid-lots generated from different packaging methods directly affects the highway-project construction-cost and the cost differences are significant. Thus, the owner should fully account for the effect of such cost when formulating an optimum packaging structure to reduce costs as well as project construction times.

【注解】该英文摘要选自《清华大学学报》(自然科学版)2010年第50卷第6期第830页题目为“高速公路标段划分对工程造价的影响(Impact of Packaging on the Cost of Highway Construction Projects)”的论文。

摘要中使用了4个一般现在时态的句子，并且全部使用了主动语态。另外，摘要中还使用了一个由“that”引导的宾语从句和一个由“when”引导的分词化了的状语。摘要采用叙述的形式概括了全文的主要内容。

①“an important decision-making tool”的含义是“一项重要决策”。

②“This paper...from the owner's point of view.”是工程专业学术论文中常用的一个句型，基本含义是“本文从业主角度出发，……”。

③“The investigation indicates that...”是工程专业学术论文中常用的一个句型，基本含义是“结果表明……”，后面常跟由that引导的宾语从句。

④“the number of bid-lots”的含义是“标段数量”。

⑤“different packaging methods”的含义是“不同的标段划分方案”。

⑥“the highway construction-cost”的含义是“高速公路工程造价”。

⑦“The owner should fully account for the effect of...”的基本含义是“业主应充分考虑……对……的影响”。

译文:

摘要:标段划分是高速公路招标实施过程中的一项重要决策，对建设项目成功实施具有重要意义。本文从业主角度出发，结合中国现行公路工程计价方法，选取标段划分对工程造价形成影响的造价组成单元，并进行案例分析。结果表明:标段划分方案形成不同标段数量直接影响高速公路工程造价，且不同方案引起的造价差值占工程总造价比例较为显著。因此，业主在划分表段确定标段数量时，应充分考虑标段划分对总的工程造价的影响，以获得合理的造价和工期。

第三节　工程专业学术论文关键词的特点及翻译

关键词也是工程专业学术论文中不可缺少的一部分，是表示学术论文全文主题内容信息的一种方式。通过浏览关键词，读者就可以把握全文的核心内容，能够快速地知晓全文的发展线索。工程专业学术论文英文关键词有其特点，掌握这些特点能够确保英文关键词的翻译达到忠实于原文、通顺、精练的效果，能使读者对学术论文的内容有一个全局的把握。

一、工程专业学术论文英文关键词的概念和特点

不同语篇下，关键词的概念有所不同，本书所指的关键词是为了达到文献标引目的，从工程专业学术论文中提取的和全文主题内容、信息等相关的术语、单词和词组。

学术论文关键词最大的特点就是用词精练，具有很强的概括性。国内外一些主要学术期刊上刊登的学术论文的英文关键词和汉语关键词一样，在各关键词之间使用分号（;）隔开，最后一个关键词后面不使用任何标点符号。但是，也有一些期刊上刊登的学术论文的英文关键词之间和汉语关键词之间不使用任何标点符号。

学术论文应该如何选用关键词？关键在于所选用的关键词必须与文章内容有关，必须能够反映出全文的核心内容和发展线索；与学术论文内容没有任何关系的关键词，必须坚决剔除。为了国际学术会议交流和在国外学术期刊上发表，工程专业学术论文一般都配有英文关键词。

二、工程专业学术论文英文关键词的翻译

英文关键词的翻译应基于对其特点的理解之上，力求翻译出的汉语

关键词既忠实于原文，又简明扼要，具有很强的概括性。翻译人员应尽量使用《汉语主题词表》等提供的规范词进行翻译。

下面就本章第二节中提到的五篇英文摘要匹配的英文关键词进行翻译实践，以期能够达到抛砖引玉的效果。

【例5-68】

Key words: expressway engineering; integrated management; evaluation indicators; construction management

【注解】该英文关键词选自《清华大学学报》（自然科学版）2010年第50卷第9期第1369页题目为“高速公路建设项目集成化管理评价体系（Evaluation of Integrated Management for Expressway Construction Projects）”的论文。

该文使用了4个英文关键词，在规定的标准之内，各关键词之间使用分号进行隔开，每一个关键词都是一个由2个英语单词构成的工程专业术语，翻译时应力求精练。

译文：

关键词：高速公路工程；集成化管理；评价指标；施工管理

【例5-69】

Key words: Shenzhen River; health assessment; river functions; indicator system

【注解】该英文关键词选自《北京大学学报》（自然科学版）2010年第46卷第4期第636页题目为“深圳河健康状况诊断及分析（Assessment and Analysis of Shenzhen River Health）”的论文。

该论文使用了4个英文关键词，在规定的标准之内，各关键词之间使用分号进行分隔，每一个关键词都是一个由2个英语单词构成的术语或词组，翻译时应力求精练。

译文：

关键词：深圳河；健康诊断；河流功能；指标体系

【例5-70】

Key words: support vector machine; engine model; identification precision;

parameters selection

【注解】该英文关键词选自《中南大学学报》(自然科学版)2010年第41卷第4期第1391页题目为“发动机支持向量机建模及精度影响因素(A Novel Engine Identification Model Based on Support Vector Machine and Analysis of Precision-Influencing Factors)”的论文。

该论文使用了4个英文关键词，在规定的标准之内，各关键词之间使用分号进行分隔，每一个关键词都是一个由2~3个英语单词构成的术语或词组，翻译时应力求精练。

译文：

关键词：支持向量机；发动机模型；辨识精度；参数选择

【例5-71】

Key words: cold diffusion method; reduced inorganic sulfur; intertidal sediment; Chongming Dongtan

【注解】该英文关键词选自《复旦学报》(自然科学版)2010年第49卷第5期第617页题目为“崇明东滩湿地沉积物中还原无机硫的形态特征(The Chemical Characteristic of Reduced Inorganic Sulfur in the Wetland Sediments of Chongming Dongtan)”的论文。

该论文使用了4个英文关键词，在规定的标准之内，各关键词之间使用分号进行分隔，每一个关键词都是一个由2~3个英语单词构成的术语或词组，翻译时应力求精练。

译文：

关键词：冷扩散法；还原无机硫；沉积物；崇明东滩

【例5-72】

Key words: highway; bid lots; packaging construction cost

【注解】该英文关键词选自《清华大学学报》(自然科学版)2010年第50卷第6期第830页题目为“高速公路标段划分对工程造价的影响(Impact of Packaging on the Cost of Highway Construction Projects)”的论文。

该论文使用了4个英文关键词，在规定的要求之内，各关键词之间使用分号进行分隔，其中一些关键词是复合词，翻译时应力求准确精练。

译文：

关键词：高速公路；标段；标段划分；工程造价

第六章

工程英语翻译教学与人才培养

新形势下，翻译教学与翻译专业人才培养是高校亟待解决的重要课题。本章以交通类院校为例，提出工程英语翻译教学与工程英语翻译人才培养的路径。

第一节　基于PBL的翻译教学

“Problem-based Learning”（以下简称PBL）的意思是问题式学习，最早由麦克马斯特大学（McMaster University）创立，被用于医学教学，此后在其他领域（如教育管理学、政治学等）得到快速发展。在教育模式方面，Antonietti指出，基于PBL的教学模式是将学习“抛锚”于具体问题之中的一种情境化了的、以学习者为中心的教学方法。Nelson指出，PBL是一种教学策略，首先向学生提出实际问题，要求学生通过小组合作来解决这一问题。Jonassen认为，PBL是“将学习者抛锚于认知学徒关系的最恰当的媒介”。

PBL教学法以问题为导向，是基于现实世界的以学生为中心的教育方式，是在教师的引导下，“以学生为中心，以问题为基础”，通过采用小组讨论的形式，让学生围绕问题独立收集资料，发现并解决问题，以培养学生自主学习能力和创新能力的教学模式。与传统的以学科为基础的教学法不同，PBL教学法强调以学生的主动学习为主，而不是传统教学中的以教师讲授为主。PBL教学法的核心在于发挥问题对学习过程的指导作用。PBL教学法与案例分析有一个很大的不同点，即PBL教学法是以问题为学习的起点，而案例分析是教师先讲解教材，在学生掌握一定知识的前提下再进行案例分析。PBL教学法如图6-1所示。

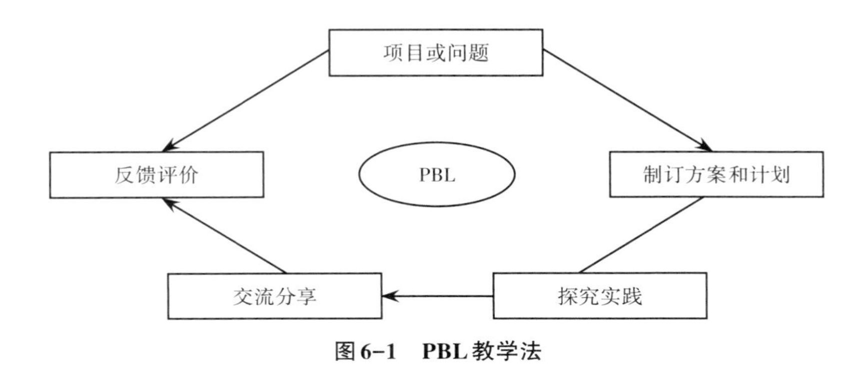

图6-1　PBL教学法

工程英语翻译教学以翻译专业学生为对象，教学时应采用实证研究，通过二至三年的教学周期，用定量计算和定性分析相结合的方法，采用语言测试、问卷调查、访谈等方式，分析学生在PBL教学之前和之后，在工程英语翻译领域知识、翻译问题求解能力等方面的差异及基于PBL教学的反馈，以探索PBL教学法对工程英语翻译教学的影响，为交通类院校翻译专业教学提供新的思路和线索。

笔者曾对翻译专业二年级的一个班级采用基于PBL的翻译教学实践，经过两年的教学周期，采用语言测试、问卷调查、访谈等方式分析学生在PBL教学之前和之后，在工程翻译领域知识、翻译求解能力及学生对基于PBL教学的反馈，进而验证PBL在翻译教学中的效果。

通过调查研究和比较研究，笔者发现，基于PBL的翻译教学使学生从传统的被动地接受知识变成主动地积极构建知识，使他们不仅学到了知识，更学会自主、积极地学习。基于PBL的翻译教学使课堂基于知识，又不局限于知识，有利于增强学生的创新意识，对翻译教学有积极的促进作用。

第二节 “一带一路”背景下工程英语翻译人才培养

翻译人才培养与社会经济发展密切相关。随着我国“一带一路”倡议和国际交流合作的日益深入，应用翻译人才短缺的矛盾日益突出。2013年，习近平总书记提出“共建丝绸之路经济带”倡议，同时指出要加强“五通”，即政策沟通、道路联通、贸易畅通、货币流通、民心相通。以基础设施建设为突破口，实现互联互通，是“一带一路”倡议的基石。随着沿线国家和地区工业化及城市化进程加快，基础设施建设需求也日益增加。据统计，“一带一路”沿线国家的基础设施建设投资需求，年均估算在6000亿美元以上。“一带一路”倡议背景下，我国与沿线国家和地区的基础设施建设行业联系愈加密切，道路、桥梁等基础设施建设方面的翻译人才也逐渐供不应求。

随着人工智能进入爆发式发展的红利期，技术与人类社会深度融合，全球政治、经济和文化面临重大机遇和挑战。人工智能驱动的翻译技术正在改变翻译教育的形态，不断推动翻译教育创新。《翻译专业本科教学指南》（以下简称《翻译指南》）于2020年4月发布，首次将“翻译技术”列为翻译专业核心课程之一，确定了翻译技术在翻译专业教学中的必修课地位，突出了翻译技术教学的重要性。

以重庆交通大学为例。该校的前身西南交通专科学校，是1951年为修建康藏公路、建设大西南而创办的，学校的发展秉承鲜明的交通特色。当前，该校在本科应用翻译人才培养方面存在以下问题。

（1）翻译人才培养仍以文学翻译为主，与交通特色学科融合度不高，与产业岗位融合度不足，无法充分对接职业化与市场化对翻译人才培养的新需求。

（2）翻译方向培养方案、课程大纲滞后于人工智能时代的发展，虽然注重课本知识，但忽略了技术对翻译的积极作用，因而对翻译人才的培养缺乏翻译技术的嵌入。

（3）理论课程比例偏大及缺乏校企合作实践基地等因素，导致对翻译人才的培养仅注重翻译理论的灌输，缺乏对其翻译实践能力的培养。

新形势下，翻译人才培养应通过系统梳理翻译专业教学中存在的问题，结合“一带一路”倡议背景、企业需求、《翻译指南》内涵和学生学习需求，聚焦外语与交通学科融合、翻译技术和翻译实践能力，探索各种维度的融合提升，为交通类院校本科应用翻译人才培养赋能，培养真正能够服务国家战略发展、适应社会经济发展需求的“精语言、通工程、擅技术、长实践”的翻译人才。

参考文献

［1］ 白莹．市场需求视域下应用型翻译人才培养模式要论［J］．黑龙江高教研究，2014（12）：170-172.

［2］ 边立红，黄曙光．大学科技英语翻译教程［M］．北京：对外经济贸易大学出版社，2016.

［3］ 陈爱萍，黄甫全．问题式学习的内涵、特征与策略［J］．教育科学研究，2008（1）：38-42.

［4］ 陈晓丹．PBL教学模式对非英语专业学生批判性思维能力影响的实证研究［J］．解放军外国语学院学报，2013，36（4）：68-72.

［5］ 邓亮．江南制造局科技译著底本新考［J］．自然科学史研究，2016，35（3）：285-296.

［6］ 杜振华．电力工程招投标英语阅读与翻译［M］．北京：中国水利水电出版社，2006.

［7］ 方梦之．应用翻译研究：原理、策略与技巧［M］．修订版．上海：上海外语教育出版社，2019.

［8］ 郭向荣，陈政清．土木工程专业英语［M］．北京：中国铁道出版社，2001.

［9］ 胡开宝，朱一凡，李晓倩．语料库翻译学［M］．上海：上海交通大学出版社，2018.

［10］ 胡开宝，李涛，孟令子．语料库批评翻译学概论［M］．北京：高等教育出版社，2018.

［11］ 胡卫平．大学英语翻译［M］.上海：同济大学出版社，2001.

[12] 黄友义. 抓好应用翻译人才培养机制建设满足时代对应用型翻译人才需求 [J]. 上海翻译，2019（4）：1-2.
[13] 教育部高等学校外国语言文学类专业教学指导委员会. 普通高等学校本科外国语言文学类专业教学指南：下 [M]. 上海：上海外语教育出版社，2020.
[14] 雷自学. 土木工程专业英语 [M]. 北京：知识产权出版社，2010.
[15] 黎难秋. 中国科学翻译史 [M]. 合肥：中国科学技术大学出版社，2006.
[16] 李蓓蓓，吕娜，张军. "一带一路"背景下高校科技翻译人才培养模式探讨 [J]. 上海翻译，2019（3）：74-79.
[17] 李亚东. 新编土木工程专业英语 [M]. 成都：西南交通大学出版社，2000.
[18] 李亚舒. 科学翻译学探索 [M]. 北京：清华大学出版社，2017.
[19] 李忠霞，王素雅. 有色冶金应用翻译人才培养探究：评《冶金专业英语》[J]. 有色冶金（冶炼部分），2021（3）：195.
[20] 连淑能.英汉对比研究 [M]. 增订本. 北京：高等教育出版社，2010.
[21] 穆雷，邹兵. 论商务翻译人才培养模式：对内地相关期刊论文和学位论文的调研与反思 [J]. 中国外语，2015，12（4）：54-62.
[22] 皮明勇.洋务运动时期引进西方海战理论情况述论 [J]. 军事历史研究，1994（1）：89-97.
[23] 孙建光，李梓. 工程技术英语翻译教程 [M]. 南京：南京大学出版社，2021.
[24] 王宏斌. 晚清海防：思想与制度研究 [M]. 北京：商务印书馆，2005.
[25] 王晋军. 名词化在语篇类型中的体现 [J]. 外语学刊，2003（2）：74-78.
[26] 王志伟. 美国应用型翻译人才培养及其对我国MTI教育的启示 [J]. 外语界，2012（4）：52-60.

[27] 文月娥. 傅兰雅的译者素养观及对翻译教学的启示 [J]. 中国科技翻译, 2020, 33 (2): 39-41, 46.

[28] 夏晓东. "一带一路"倡议下复合型翻译人才培养的问题与对策 [J]. 现代教育管理, 2019 (1): 98-102.

[29] 肖维青, 冯庆华.《翻译专业本科教学指南》解读 [J]. 外语界, 2019 (5): 8-13, 20.

[30] 熊月之. 西学东渐与晚清社会 [M]. 上海: 上海人民出版社, 1995.

[31] 熊月之. 西学东渐与晚清社会 [M]. 修订版. 北京: 中国人民大学出版社, 2011.

[32] 许明. 面向"一带一路"的语言服务人才培养与能力建设对策研究 [J]. 中国翻译, 2018, 39 (1): 63-67.

[33] 严俊仁. 科技英语翻译技巧 [M]. 北京: 国防工业出版社, 2000.

[34] 杨晓华. 基于问题学习的翻译教学研究: 以MTI文化翻译课程为例 [J]. 中国翻译, 2012, 33 (1): 35-39.

[35] 袁佳. "一带一路"基础设施资金需求与投融资模式探究 [J]. 国际贸易, 2016 (5): 52-56.

[36] 张美平. 翻译一事, 系制造之根本: 江南制造局的翻译及其影响 [J]. 中国翻译, 2010, 31 (6): 38-42.

[37] 张美平. 江南制造局翻译馆的译书活动及其影响 [J]. 中国科技翻译, 2009 (4): 41, 48-51.

[38] 张健稳. "一带一路"背景下多语种应用型翻译人才培养探讨 [J]. 上海翻译, 2018 (4): 63-67.

[39] 张瑞嵘, 龙心刚. 海洋强国梦的先声: 晚清西方海防著作译介研究 [J]. 中国翻译, 2020, 41 (2): 26-34, 187.

[40] 赵璧, 冯庆华.《翻译专业本科教学指南》中的翻译技术: 内涵、历程与落地 [J]. 外语界, 2019 (5): 14-20.

[41] 郑剑委, 范文君. 翻译思维、策略与技巧 [M]. 武汉: 武汉大学出版社, 2018.

[42] 周丽敏．多维融合赋能的应用翻译教育教学探索［J］．上海翻译，2021（1）：28-33.

[43] ANTONIETTI A. Problem-based learning: a research perspective on learning interactions ［J］． British journal of education psychology，2001（2）：344-345.

[44] DBORA B, ADRIANA B R. Using machine translator as a pedagogical resource in English for specific purposes courses in the academic context［J］． Revista de estudos da linguagem，2021，29（1）：829-858.

[45] LYNNE B，ELIZABETH M. Better integration for better preparation: bringing terminology and technology more fully into translator training Using the CERTT approach［J］． Terminology，2009，15（1）：60-87.

[46] JONASSEN D. Supporting problem solving in PBL［J］． Interdisciplinary journal of problem-based learning，2017，5（2）：95-112.

[47] MUNDAY J. Introducing translation studies ［M］． London: Routledge，2016.

[48] NORTHCOTT J，BROWN G. Legal translator training: partnership between teachers of English for legal purposes and legal specialists ［J］． English for specific purposes，2006，25（3）：358-375.

[49] RECHARDS J C，SCHMIDT R. Longman dictionary of language teaching and applied linguistics ［M］． Beijing: Foreign Language Teaching and Research Press，2003.

[50] SCHELIHAV E K R V. Atreatise on coast-defence:based on the experience gained by officers of the corps of engineers of the army of the confederate states［M］． London: E.&F.N.Spon，1868.

[51] TATZL D. Translating and revising as opportunities for ESP teacher development［J］． TESOL journal，2013，4（2）：332-344.

[52] TOURY G. Descriptive translation studies and beyond ［M］． Amsterdam: John Benjamins Publishing Co，1995.